海陆的起源

THE ORIGIN OF CONTINENTS AND OCEANS

[德]阿尔弗雷德 · 魏格纳 著

王春雨 李辰莹 译

陕西师范大学出版总社

图书代号 SK22N1309

图书在版编目（CIP）数据

海陆的起源 /（德）阿尔弗雷德·魏格纳著；王春雨，李辰莹译．—西安：陕西师范大学出版总社有限公司，2023.1（2023.6 重印）

ISBN 978-7-5695-2083-5

Ⅰ.①海… Ⅱ.①阿… ②王… ③李… Ⅲ.①大地构造学—研究 ②大陆漂移—研究 Ⅳ.① P541

中国版本图书馆 CIP 数据核字（2021）第 024675 号

海陆的起源

HAILU DE QIYUAN

［德］阿尔弗雷德·魏格纳 著 王春雨 李辰莹 译

出 版 人 刘东风
责任编辑 王西莹
特约编辑 刘瑞峰
责任校对 高 歌
封面设计 王 鑫
出版发行 陕西师范大学出版总社
（西安市长安南路 199 号 邮编 710062）
网 址 http://www.snupg.com
印 刷 天津旭丰源印刷有限公司
开 本 787 mm×1092 mm 1/16
印 张 15
字 数 195 千
版 次 2023 年 1 月第 1 版
印 次 2023 年 6 月第 2 次印刷
书 号 ISBN 978-7-5695-2083-5
定 价 69.00 元

简介

魏格纳，全名阿尔弗雷德·魏格纳（Alfred Lothar Wegener），1880年11月1日出生于德国柏林，是福音派传教士理查德·魏格纳博士和妻子安娜最小的一个孩子。魏格纳曾在柏林的科伦尼察服兵役，后来他先后在海德堡大学、因斯布鲁克大学和柏林大学学习。1902年他进入位于柏林的乌拉尼亚天文台，成为一名天文观测员。1905年，他在洪堡大学取得了博士学位，这之后不久就成为其兄长库尔特·魏格纳（Kurt Wegener）在泰格尔普鲁士航空天文台的第二个技术助理。他们两兄弟共同创造了气球飞行52.5小时的纪录。这次飞行从柏林开始，环绕日德兰半岛和卡特加特海峡持续飞行，然后飞到德国施佩萨尔特区域。此次飞行为应用水准器测斜仪作为导航的准确性提供了一次测试。

1906年起，魏格纳跟随丹麦国家探险队在格陵兰岛东北海岸考察了两年，在这次考察中他学会了极地旅行技术。他所发表的观测结果基本上与气象问题密切相关。从格陵兰岛返回后，他成为马堡大学天文学和气象学专业的讲师。他讲座的内容成为教科书《大气热动力学》的基础，该书原有三个版本，但现在已绝版。遵循魏格纳的想法，这本书被《大气物理学讲义》（*Vorlesungen über Physik der Atmosphäre*）一书取代，该书由魏格纳和哥哥库尔特编著，于1935年出版。

1912年，魏格纳与J.P.科赫（J.P.Koch）一起进行了第二次格陵兰岛考察。此次考察计划用整个冬天的时间，从最东端的内陆冰川边缘开始，穿越格陵兰岛最宽广的部分。但是此次探险差点失事，因为在内陆冰川的上升路段发生了密集的冰川爆裂，裂冰扩展到了探险队营地区域，于是探险队穿越格陵兰岛的考察只持续了两个月。这次考察仅仅到达了格陵兰岛西海岸。

1914 年，魏格纳被选拔为女王近卫步兵第三团预备役的一名中尉军官，并被分配到了作战部队。在进军比利时时，他手臂受伤；返回战场后不久，一颗子弹又卡在他的脖子里。由于他不再适合作战，便开始从事气象领域的工作。1915 年，他的首部著作《海陆的起源》（*Die Entstehung der Kontinente und Ozeane*）诞生。本书聚焦于重新确立地球物理学与地理学、地质学之间的联系，这种联系曾经为这三个科学分支的专业发展割裂。此书再版于 1920 年，第三版出版于 1922 年，第四版出版于 1929 年。对于业界的评论和“诟病”，魏格纳给予了回应，并且把相应的材料囊括在新的版本之中，因而每次再版都是一次彻底的修订版。同行的态度也由批评、反对变成期待和关注。第三版由 M. 雷赫尔（M. Reichel）翻译为法语，标题为《大陆和海洋的起源》（*Lagenèse des continents et des océans*），而且这个版本由巴黎艾伯特 · 布兰查德科学图书馆于 1924 年出版。同年该版本也被 J.G.A. 斯凯尔（J.G.A.Skerl）翻译成英文出版，并附有英国地质学会主席、帝国勋章奖获得者、英国皇家学会会员 J.W. 伊凡斯（J.W.Evans）撰写的前言，此译本由伦敦梅休因出版公司出版。第三版的西班牙文译本也在同一年出版，名为《大陆与海洋的成因》，译者是文森特 · 英格拉达 · 奥斯（Vicente Inglada Ors），出版商是马德里西方图书馆杂志社。1925 年，G.F. 米特岑卡（G.F.Mirtzinka）出版了玛丽亚 · 米特岑科（Marii Mirtzink）的译本。1924 年，魏格纳和 W. 柯本（W.Köppen）合著的《史前地质气候》（*Die Klimate der geologischen Vorzeit*）对《海陆的起源》进行了补充，由兄弟出版社出版。

“一战”结束后，魏格纳像其兄长库尔特一样，成为位于汉堡的德国海军天文台的一个部门负责人，同时他也是汉堡大学新设立的气象学专业的一名讲师。1924 年，他接受了奥地利格拉茨大学气象与地球物理学教授职位的任命。

魏格纳原本计划于 1928 年与 J.P. 科赫进行新的格陵兰岛探险合作。可惜的是，J.P. 科赫在 1928 年去世，这意味着探险计划只能靠德国自己来实现。魏格纳获得了德国研究协会的大力支持。1929 年，他首先确定了从格陵兰岛西海岸到内陆冰盖这条最有利的探险路线。主要的探险于 1930 年开始，此次探险最重要的成果是发现了内陆冰厚度超过 1 800 米。

1930 年 11 月，阿尔弗雷德·魏格纳在格陵兰岛内陆冰盖探险的途中遇难。

魏格纳在 1928 年已经决定修订本书，新修订版将会是对以往版本的一个超越。因为与海陆起源相关的文献已经越来越多、越来越专业，因此他认为任何有所修订的新版本都是有价值的。

库尔特·魏格纳

图1　阿尔弗雷德 · 魏格纳

阿尔弗雷德 · 魏格纳（Alfred Lothar Wegener，1880—1930），德国气象学家、地球物理学家，1880 年 11 月 1 日生于柏林，1930 年 11 月在格陵兰岛考察内陆冰盖时遇难，被尊为“大陆漂移学说之父”。

图 2　德国洪堡大学

1905 年，魏格纳在此获得天文学博士学位。

图 3　洪堡大学图书馆

魏格纳在洪堡大学上学时经常来此查阅书籍。

图 4　奥地利因斯布鲁克大学

魏格纳曾在此学习。

图 5　奥地利格拉茨大学

魏格纳于 1924 年被聘为格拉茨大学气象与地球物理学教授。

图6　格拉茨大学图书馆

魏格纳曾在此查阅资料，进行学术研究。

图7　德国马堡大学

1908年至第一次世界大战爆发前，魏格纳在马堡大学担任天文学和气象学讲师。

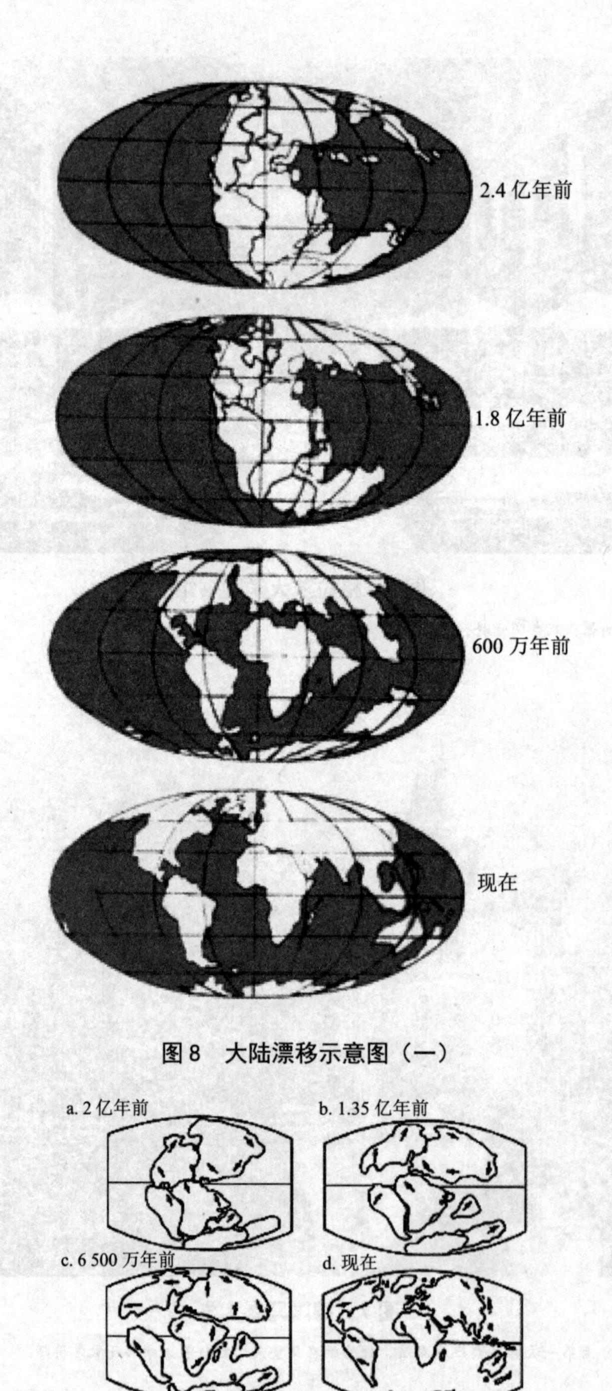

图 8　大陆漂移示意图（一）

图 9　大陆漂移示意图（二）

前  言

科学家们似乎仍未充分认识到，所有的地球科学都应该提供证据来揭示地球早期的状态，因为只有结合所有这些证据才能通向问题的真相。

南非著名的地质学家杜·托伊特（Du Toit）写道："正如我说过的那样，我们几乎毫无例外地转向用地质学的证据来裁定这一假说（即大陆漂移）的可能性，因为诸如基于动物群分布来判定大陆漂移说的各种论点很难有说服力。假定存在延伸的大陆桥，后来才沉入海平面以下。一般来说这是一个保守的观点，即使保守的观点缺乏灵活性，但仍可以很好地解释上述各种论点。"

古生物学家 H. 冯·伊赫林（H.von Ihering）则一语中的："研究地球物理学的发展进程并不是你我的主要工作。"他坚信，"只有地球上生命的历史才能使人们掌握过去的地理变迁"。

我曾在漂移理论受到质疑时写下这段话："尽管人们争论不休，我相信，该问题的最后结论只能来自地球物理学，因为只有这一科学分支能够提供十分精确的方法。如果由地球物理学得出的结论证明漂移理论是错误的，那么该理论就不得不放弃系统的地球科学，放弃所有的佐证，而去寻求其他阐释漂移理论的事实。"

科学家容易持这种观点：每个人都认为自己在自己的领域内是最称职的，或者确实对问题的判断拥有决定权。

然而，实际情况并非如此。在某个特定时间内，地球的某个外形结

构可能只出现一次，但地球并未提供与此有关的直接信息。就像一个法官面对着拒绝回答的被告，我们必须通过间接证据来判定真相。但我们可以搜集到的所有类型的证据都带有欺骗性质，那么我们该如何评价一个只根据部分现有可用数据就做出裁决的法官呢？

只有结合所有地球科学所提供的信息，找到“陈述”所有已知事实的图片，把它们按照最合理的方式排列起来，才具有最大的可能性获得真相。此外我们必须为每一个新发现的可能性做好准备，因为无论哪一个科学分支提供了这些可能性，都可能会改变最终的结果。

当我因修订本书而备感疲惫之际，这种信念给了我激励，助我前行。由于关于漂移理论的文献存在于各类学科中，彻底地去探究滚雪球式的文献细节已经超越了我个人的力量，所以尽管我付出了一切努力，但本书仍存在许多缺陷，甚至是一些不可忽视的缺陷。之所以本书的综合性较强，是因为我从相关领域的科学家那里获得到了大量的信息，为此我非常感激他们。

对测量学家、地球物理学家、地质学家、古生物学家、动物地理学家、植物地理学家和古气候学家而言，本书的价值与意义是均等的。它的目的不仅仅是为这些领域的研究人员提供漂移理论的重要意义和在其研究领域的实用性，还可以为他们提供应用的方向和确证，帮助他们在自身领域之外理解漂移理论。

与本书历史（也就是漂移理论的历史）相关的一切兴趣点将在第一章中得到阐述。

读者提及的关于北美洲漂移的附录证据，已经由 1927 年新的经度测量证实，这一结果也将在本书的审校阶段首次呈现。

阿尔弗雷德·魏格纳

1928 年 11 月

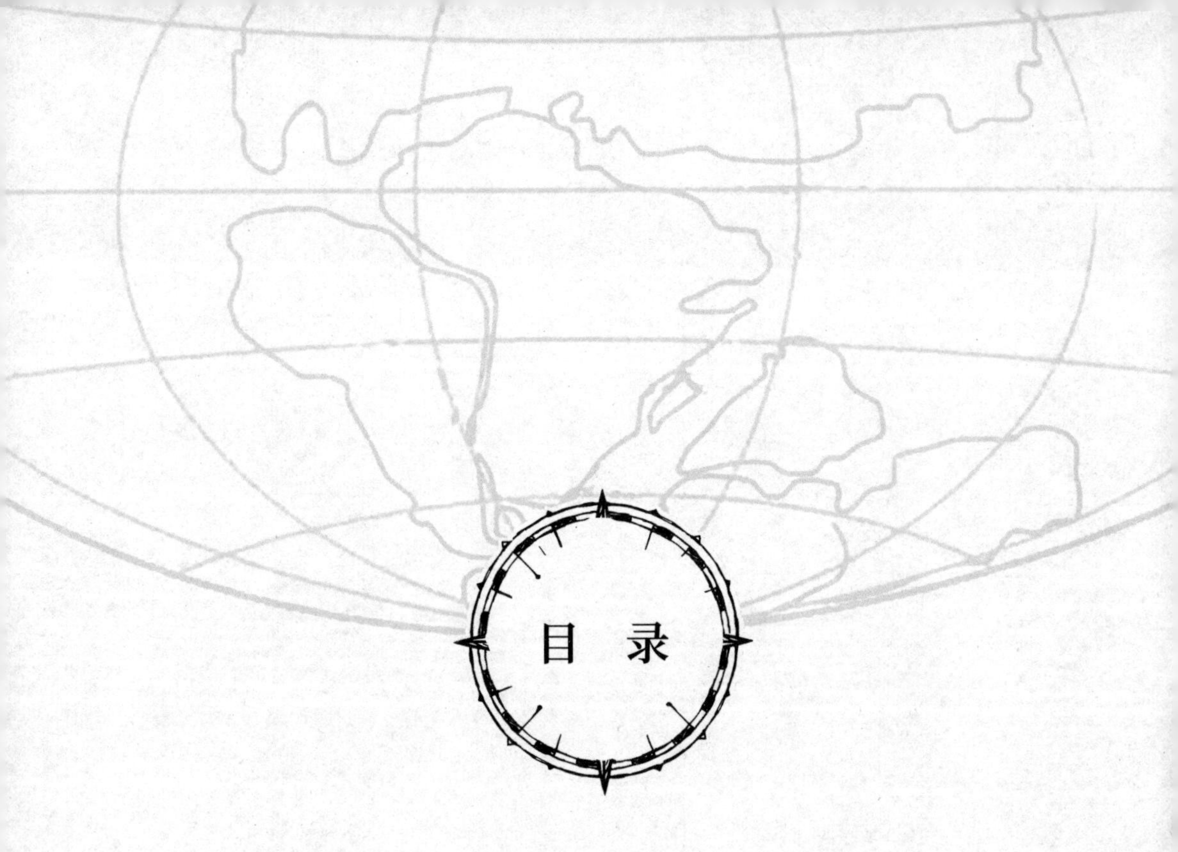

目 录

第一章 历史介绍

本书的写作多少与我的个人兴趣有关。我首次注意到“大陆漂移”这一概念可以追溯到1910年。当时我正在观看世界地图，发现大西洋两岸的海岸线基本是吻合的。对于这一问题，起初我并未给予足够的关注，因为我认为这或许没有太大意义。直到1911年秋天，一次偶然的机会，我看到了一份天气报告，这使我第一次了解到，在巴西和非洲大陆之间曾经有陆桥相连（根据古生物学的证据）。这段文字的记载促使我开始在地质学和古生物学的范畴内进行粗略的考察，并立即得到了重要的佐证，由此，一个基本合理的观念开始扎根于我的脑海。1912年1月6日，在美因河畔的法兰克福召开的地质学会上，我就这一问题第一次发表了自己的看法并进行了演讲，题目为“从地球物理学的基础论地壳轮廓（大陆与海洋）的生成”。1月10日，在马堡自然科学促进协会上，我做了第二次演讲，题目为“大陆的水平位移”。同年，这两篇文章都得以发表。1912—1913年，在科赫的带领下，我参加了横跨格陵兰岛的探险。后来，因受兵役之阻，我未能对该学说做进一步的研究。到了1915年，我终于可以利用一个较长的病假假期对这一问题进行比较详细的论述，并写成与演讲题目同名的著作，由费威希出版公司出版。第一次世界大战结束后，本书需要再次出版（1920年），出版方慨然应允将本书从“费威希丛书”移到“科学丛书”中来，因而我可以对本书进行大量修改补充。1922年本书的第三版得以发行，这一版的内容再一次得到了根本性的提高。由于第三版印刷规模较大，因此我可以用几年的时间对其他问题进行研究。有一段时间，第三版书竟然售罄。这本书的一系列译著开始问世——两种俄文版、一种英文版、一种法文版、一种西班牙文版和一种瑞士文版。在德文版的基础上，我对瑞士文版进行了一定的修改，并且在1926年得以出版。

德文第四版已经得以再次校订。事实上，与前三版相比，这一版的描述几乎完全发生了改变。在此前版本的写作过程中，已经有许多关于大陆漂移的综合性文献可以借鉴。这些文献受制于或赞成或反对大陆漂移的观点层面，当基于个人观点进行引用时，这些文献也同样表达出对于本理论或赞成或反对的意见。自1922年以来，对“大陆漂移学说”问题的讨论在不同的地球科学研究领域得到发展，不过，讨论的本质在某种程度上已发生改变：大陆漂移说作为一种基础理论，已经在更广泛的调查研究中被越来越多地应用。此外，由于最近有确切证据表明格陵兰岛正在漂移，这一现象也使得许多人把大陆漂移说置于一个全新的讨论基点之上。因此，早期版本本质上所包含的只是对理论本身的介绍，并收集一个个事实来支撑理论，而现在的版本则是一个介于阐述漂移理论和概述新的研究分支之间的过渡阶段。

当我第一次从事该问题的研究时，以及在后来开展的研究工作期间，不时地遇到与早期研究者们意见相左之处。早在1857年，W.L. 格林（W.L.Green）就提到“地壳碎片漂浮在地核液体上”。整个地壳是旋转着的，旋转时其各部分的相对位置不应改变——这一观点已被几个研究者预想到，如勒费尔霍茨·冯·科尔堡（Löffelholz von Colberg）、D. 克莱希高尔（D.Kreichgauer）、J.W. 伊凡斯等。H. 韦特施泰因（H.Wettstein）所撰写的著作中（除了许多空洞的浅见以外），也谈到了大陆具有大规模相对水平位移倾向的观点。他认为大陆（不包括被海淹没的大陆架）不仅会发生位移，还会发生变形，而且太阳对地球黏性体的潮汐引力会导致大陆向西漂移〔该观点也被E.H.L. 施瓦茨（E.H.L.Schwarz）秉持〕。不过，施瓦茨认为海洋是沉没的大陆，他表达了一些曾被我们忽略的奇异的见解，即所谓地理的同源性及地球表面的其他问题。和我一样，皮克林（Pickering）在其著作中，从南大西洋海岸线的一致性出发，阐释了这样的假设：美洲脱离了欧非大陆板块，从而拓宽了大西洋的广度。然而，他没有注意到一个必需的假定，即在地质史上这两块大陆直到白垩纪前还是连接着的。因此，他假定两块大陆连接的时间存在于朦胧而遥远的过去，认为大陆的分离与达尔文（G.H.Darwin）的假设息息相关，即月球是从地球上抛出去的，抛出去的痕迹在太平洋盆地中仍然可见。

1909年，R. 曼托瓦尼（R.Mantovani）在其一篇短文里阐述了一些大陆漂移的观点，他通过不同的地图做出解释，尽管有些部分与我的不同，但在某些问题上我们的观点惊人地相似，例如，关于环绕南非洲的南部大陆的早期归类问题。W.F. 考克斯沃西（W.F.Coxworthy）在1890年后出版的一本书中提出的假设是：从前的大陆曾经连接在一起，如今的大陆只是那些连接的大陆分裂的一部分。可惜后来我再无机会去核查该著作。

我也在F.B. 泰勒（F.B.Taylor）的著作中发现了与我相似的观点。泰勒的著作发表于1910年，在书中他提出假定：各个大陆在第三纪的水平位移并非微不足道，其水平位移和第三纪大褶皱系统密切相关。事实上他几乎得到了与我同样的结论，例如，关于格陵兰岛与北美洲分离的问题。对于大西洋这个案例，他认为，大西洋只有其中一部分是由于美洲大陆块漂离形成的，其余部分是由于陆块沉没，并构成了大西洋中脊。这一观点与我的观点也并不存在本质上的不同。因为这一点，美国人有时也称漂移理论为魏格纳—泰勒理论。然而，在阅读泰勒的著作时，我的感觉是：他的主要目标是找到大山系分布的形成机理，并相信这一机理可以在大陆从极地地区漂移的事实中发现。因此我认为，泰勒一连串关于大陆漂移的概念仅仅起到了辅助作用，并且只是给出了一个粗略的解释。

当我开始熟读这些作品，包括泰勒的著作时，我已经形成了大陆漂移理论的主要框架，而其中一些内容我是后来才知晓的。在今后的著作中，人们将发现某些与大陆漂移学说相近的论点，但关于这个论题的历史调查我没有继续进行下去，而且也不打算在本书中呈现。

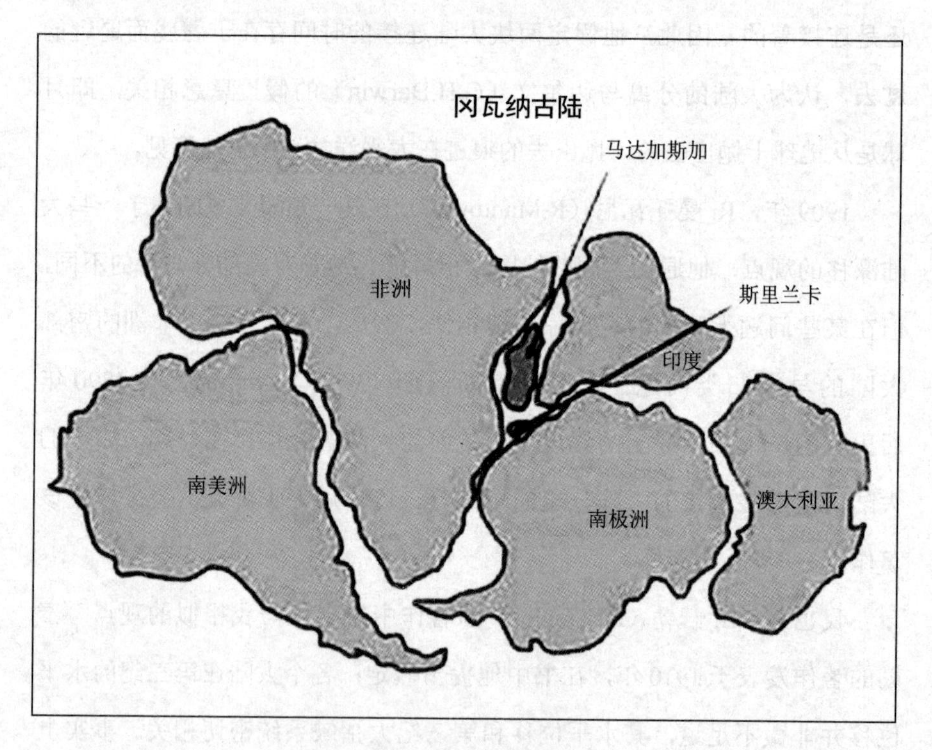

图 1-1　冈瓦纳古陆（Gondwanaland）

冈瓦纳古陆，又叫南方大陆、冈瓦纳大陆，是关于存在于南半球的古大陆的推测。奥地利地质学家苏斯（E.Suess）于 1885 年在《地球的面貌》一书中提出这一概念，从下部的冰碛层到较上部的含煤地层统称为冈瓦纳岩系。学术界通常认为，该古陆在中生代开始解体，新生代期间逐渐迁移到现今位置。

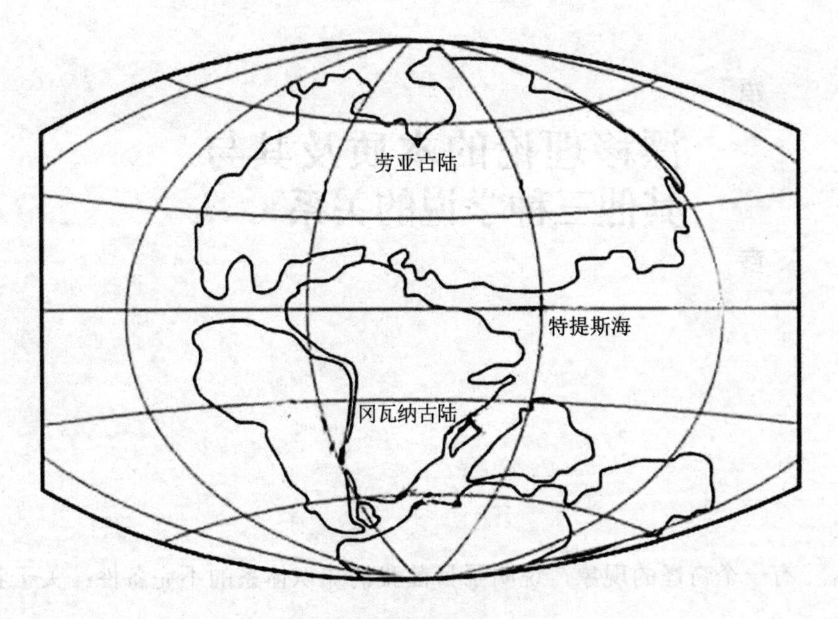

图 1–2 劳亚古陆（Laurasia）

劳亚古陆，又称北方大陆。根据板块构造理论，它是 1937 年由南非地质学家杜德瓦假想出来的曾经位于北半球的古大陆。劳亚古陆是劳伦系亚古陆块和欧亚陆块的联合名称。劳亚古陆同南方古陆（冈瓦纳古陆）隔着一个古地中海（特提斯海）。现在的一些北半球大陆，如北美、格陵兰岛和除印巴次大陆以外的欧亚大陆，都是劳亚古陆在古生代以后分裂和迁移的结果。

特提斯海，又称古地中海，是劳亚古陆和冈瓦纳古陆间长期存在的古海洋。1893 年，奥地利地质学家苏斯借用古希腊神话人物将其命名为“特提斯海”。

第二章 漂移理论的本质及其与其他三种学说的关系

有一个奇怪的现象，说明了目前我们知识体系的不完备性：关于我们这个星球史前的状况问题，人们常会得出截然相反的结论，这取决于是从生物学还是地球物理学的视角来回答这个问题。

古生物学家，甚至连动物学家、植物地理学家们也一再得出结论：现在那些被宽广的海洋隔开的大多数大陆，在史前时代一定由陆桥相连；陆地动物和植物区系曾跨越这些彼此相连的“立交桥”发生交换。古生物学家得出此推断是源于这一状况：很多已知的相同物种生活在不同的大陆，它们本该有着相同的起源，但不可思议的是现在却存在于彼此独立的区域。此外，在当代动物或植物化石区系中能够发现完全相同的生物化石的比例非常有限。考虑到只有一小部分生活在史前时代的生物以化石形式保存至今并被发现这一事实，上述现象就很容易被解释清楚了：即使两个大陆生物群曾经是绝对相同的，但在我们不完备的知识体系下，也必然意味着在这两个区域内的生物群只有一部分是相同的，而其他部分有较大的差异。此外，在很明显的情况下，即使交换的可能性是不受限制的，但两个大陆上的生物体也不会都是完全相同的。例如，即使在今天的欧洲和亚洲，无论如何也没有完全一致的植物和动物区系。

目前动物界和植物界的比较研究得出了相同的结论：今天在两个大陆发现的物种确实有差异，但其生物种属和家族仍然是同一的，即今天的生物种属或家族在史前时代曾经是同一个物种或家族。以此推理，现今的陆生动物群和植物群之间的关系所导致的结论是：它们曾经相同，并且只能通过宽阔的陆桥进行一定的交流；只有在那座陆桥被打破后，植物群和动物群才被细分为今天这样多样化的形式。可以毫不夸张地说，如果我们不接受昔日大陆相连的观点，那么，地球生命的整体演化和现代生物的亲缘关系均发生在广泛分离的大陆上这一事实将成为一个难解之谜。

这是其中的一个例证。L.F. 博福特（L.F.Beaufort）写道："许多事例表明，如果不借助陆桥说，动物地理学本身对动物的分布不可能给予合理的解释。陆桥说正如马修（Matthew）所言：假定现在彼此分离的大陆之间的确曾经有连接——不仅彼此之间曾有大陆桥，只有一些小板块漂移走，而且曾经相连的大陆块现在已被深深的海洋分隔。"〔T. 阿尔德特阐述道："当然，今天仍有陆桥理论的反对者，其中，G. 普费弗（G. Pfeffer）特别值得一提。他说，这些种类曾经或多或少普遍存在。如果普费弗的这一结论不能够令人完全信服，那么他由此得出的进一步的结论就更缺乏说服力。他认为，即便在南半球有不连续的分布，在北半球又没有化石证据，我们也应当假定在各种情况下，动植物都是普遍分布的。如果他想仅仅通过北部大陆和地中海桥之间的迁移解释分布异常，那么这个假设依据的是一个非常不确定的基础。"南部大陆上的动物亲缘关系可以通过陆桥的直接迁移来解释，这与从北方迁徙地区平行迁移进行解释相比，显得更简单、更彻底，所以不再需要进一步的说明。〕很明显，有许多人质疑这一理论解释。多数情况下，对从前的陆桥的假定是基于非常薄弱的证据，而且这一研究的进展也未被证实。而关于大陆连接何时破裂以及现代大陆何时开始分离的讨论，仍未取得完全一致的认同。

然而，就这些古老陆桥的重要性来说，不论专家们的结论是依据哺乳动物或者蚯蚓的地理分布，还是依据植物的地理分布，或者世界上其他生物的地理分布而得出的，他们今天已经取得了令人满意的一致意见。T. 阿尔德特凭借二十位科学家的陈述或地图绘制了一张选票统计表，即对不同地质时期不同陆桥是否存在进行投票。对于四个主要陆桥，我以图形方式展示了结果（见图 2-1），三条曲线分别显示每座陆桥的年龄、反对票票数以及这两者之间的差异，赞成票则通过适当的阴影区域来显示。因此，根据大多数研究人员的研究结果，第一部分（澳大利亚大陆—德干、马达加斯加岛与非洲）一边显示的是澳大利亚和印度次大陆之间的陆桥，另一边显示的是马达加斯加岛和非洲（冈瓦纳古陆）之间的陆桥，从寒武纪开始持续存在到侏罗纪早期，但随后不久就瓦解了。第二部分（非洲—巴西）显示的是南美洲与非洲之间的旧陆桥，它在中白垩纪时期断掉了。后来，在白垩纪与第三纪的过渡期，大多数人认为马达加斯加与德干之间的旧陆桥已破裂（见图 2-1 的第三部分）。北美洲和欧洲之间的陆桥则变得非常不规则，如第四部分所示。尽管曲线的表现方式频繁变化，但是在此仍有一个实质性的争议。人们认为在寒武纪和二叠纪时期，以及从侏罗纪到白垩纪时期，两个大陆（北美洲和欧洲）的连接是被反复扰动的。显然，这只是浅度海进[1]，在海进之后又恢复了连接。然而，两个大陆的连接最终破裂，现在对应着一个广阔延伸的大洋，至少在格陵兰岛北部一带这一情形只发生在第四纪。

本书将对许多细节进行处理。这里仅强调一点，到目前为止，陆桥理论一直被忽视，但非常重要的是，这些被假设的陆桥，不但是指今日的白令海峡、浅海大陆架，或者被洪水填满的海沟，而且包括海洋之

[1] 又称海侵，是指由于海面上升或地壳下降，导致海水面积扩大，因此海岸线向大陆内部推进的一种地质现象。

下的区域这种类型。图 2-1 中的四个例子都包含最后这种类型。因为它们清晰地表明漂移理论这一新概念恰恰源于此，所以特意选择了这些例子。

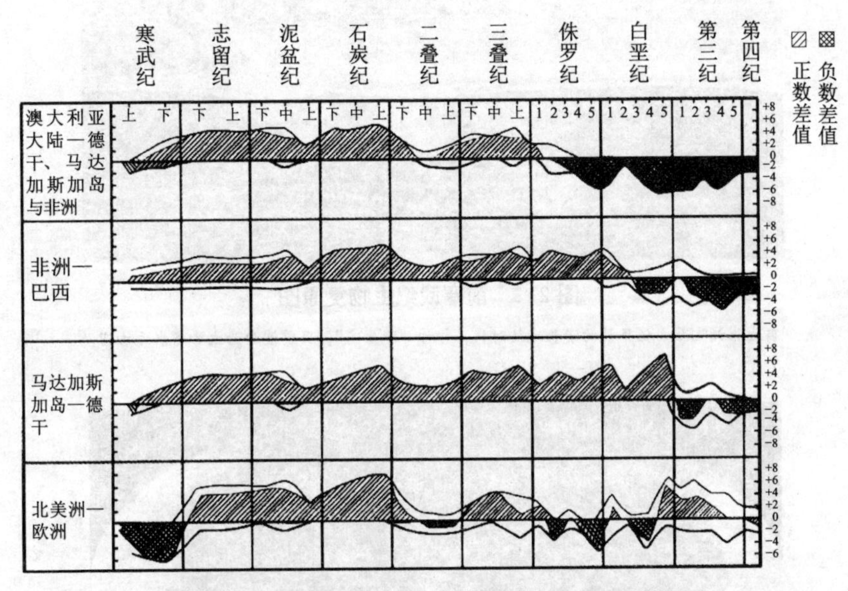

图 2-1　寒武纪以来关于四个陆桥存在性问题的投票

上曲线代表支持者的票数，下曲线代表反对者的票数。两者之间的正数差值由斜线阴影代表，两者之间的负数差值则由交叉线阴影代表。

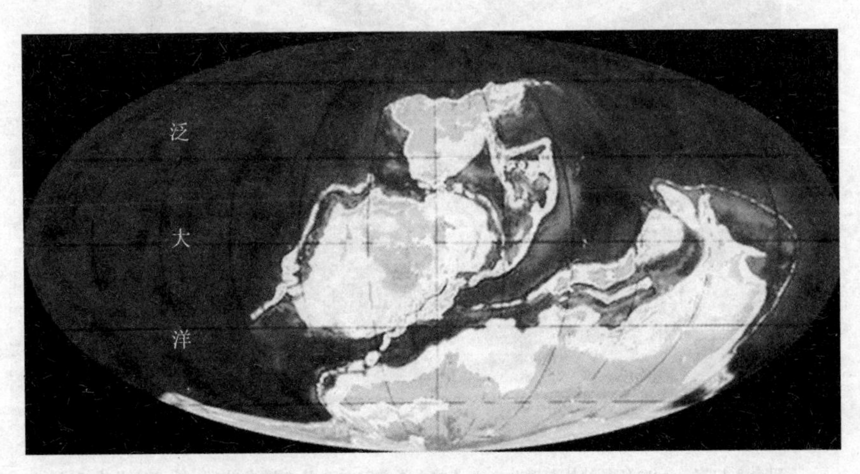

图 2-2　46 亿年前地球的海陆分布

图 2-3　前寒武纪生物复原图

自地球诞生至 6 亿年前的漫长地质时代，曾称"隐生宙"，目前划分为太古宙和元古宙。

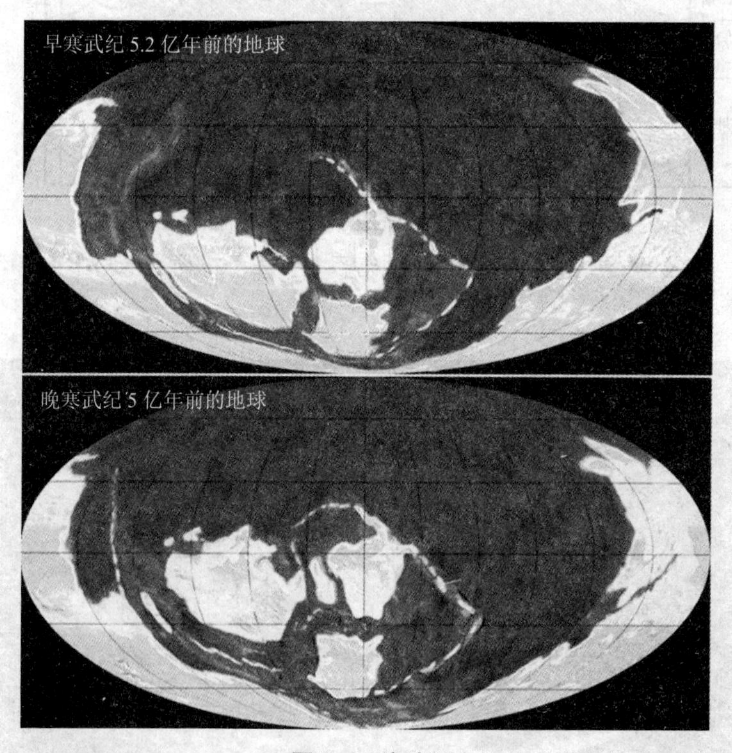

图 2-4　寒武纪

距今 5.42 亿—4.88 亿年的地质时代，也是学术界关注的生物大爆发时代，代表生物有三叶虫、鹦鹉螺、奇虾等。

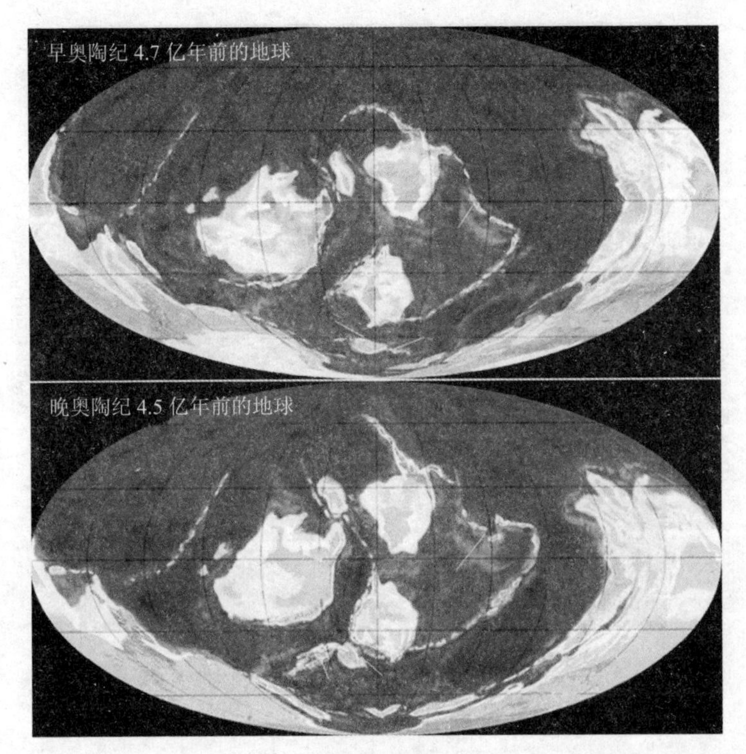

图 2-5　奥陶纪

距今 4.88 亿—4.4 亿年的地质时代，是地球上海进发生最广泛的时期。在这一时期，原始脊椎动物开始出现。

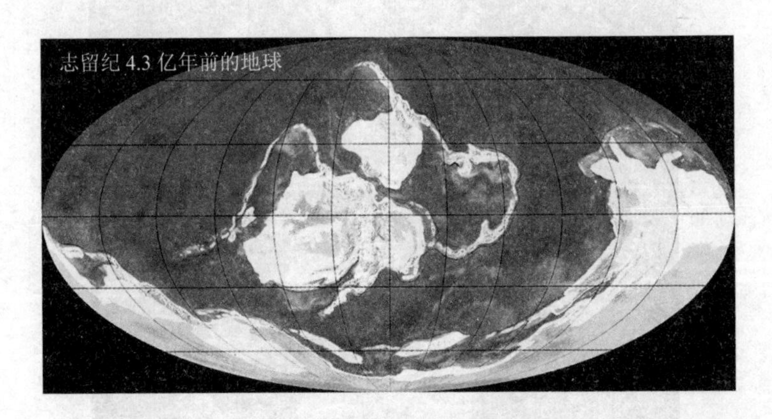

图 2-6　志留纪

距今 4.4 亿—4.1 亿年的地质时代。在这一时期，陆生植物特别是裸蕨植物首次出现。

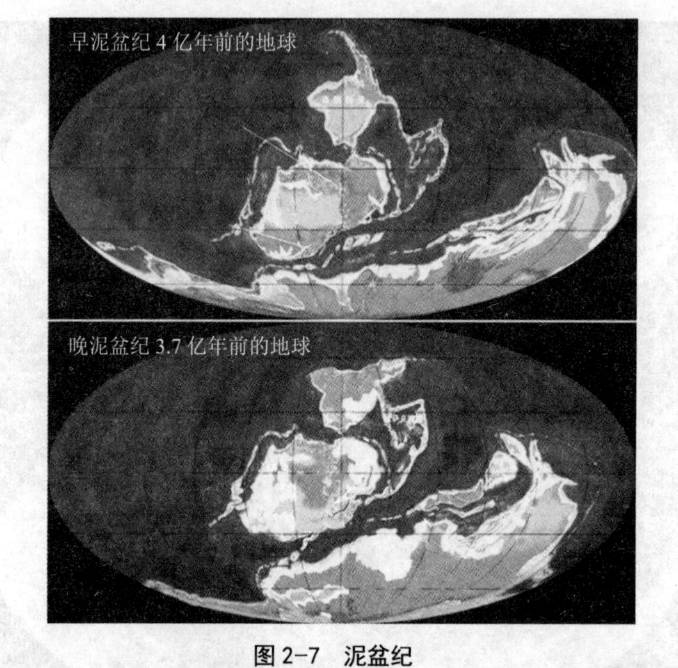

图 2-7　泥盆纪

距今 4.1 亿—3.6 亿年的地质时代，也被称为“鱼类时代”。

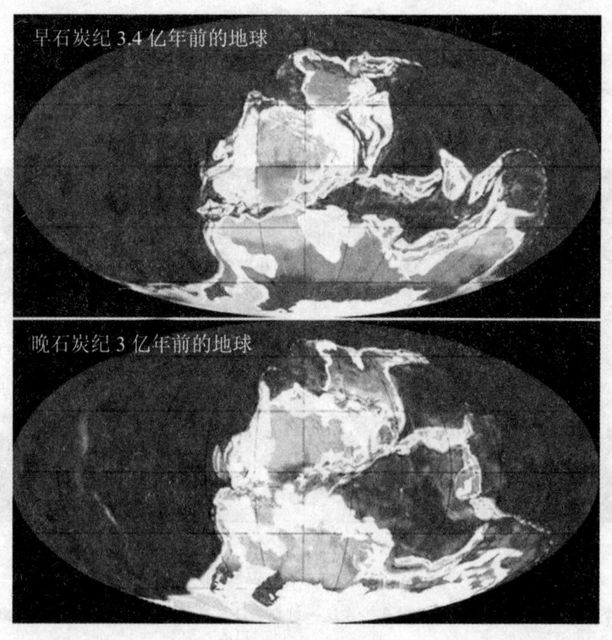

图 2-8　石炭纪

距今 3.6 亿—2.99 亿年的地质时代，是植物大繁盛时代。

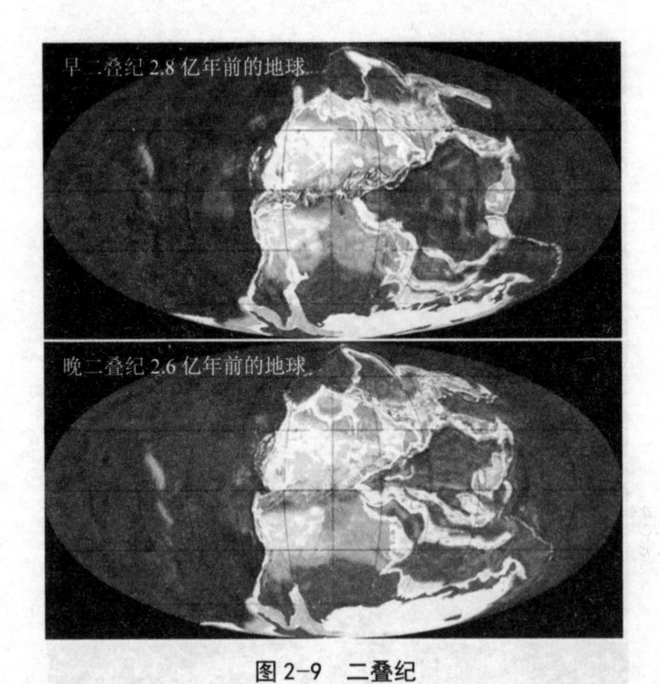

图 2-9　二叠纪

距今 2.99 亿—2.5 亿年的地质时代，是地壳剧烈运动时期，陆续形成褶皱山系，也是重要成煤期。

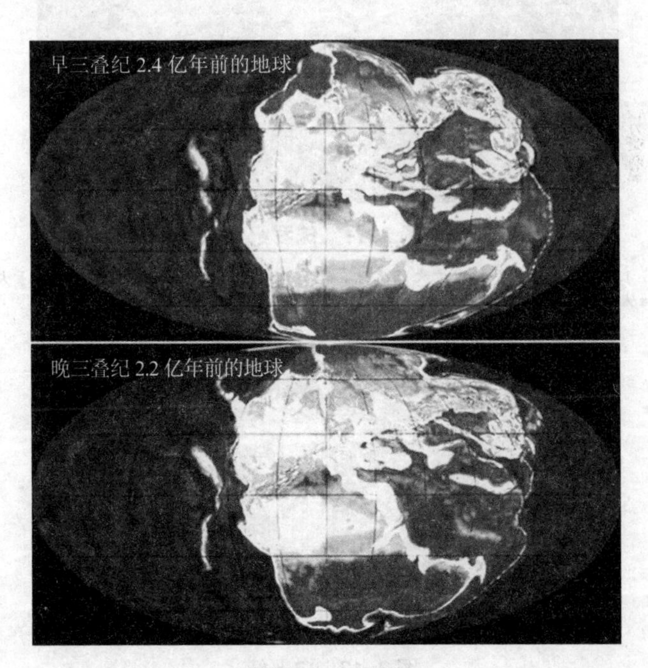

图 2-10　三叠纪

距今 2.5 亿—1.99 亿年。在这一时期，盘古大陆形成，爬行动物和裸子植物崛起，发生两次生物灭绝事件。

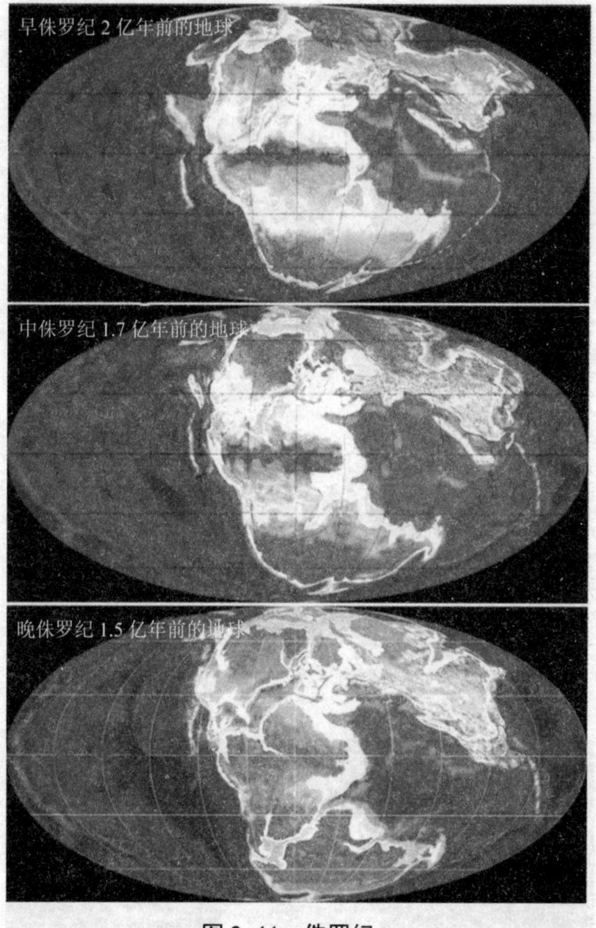

图 2-11　侏罗纪

距今 1.99 亿—1.45 亿年。盘古大陆此时真正开始分裂，大陆地壳上的裂缝生成了大西洋，非洲开始从南美洲裂开，而印度板块则准备移向亚洲。这一时期是最繁盛的恐龙时代。

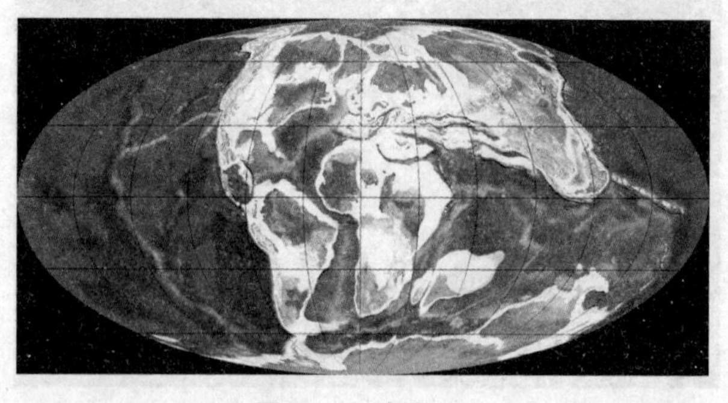

图 2-12　白垩纪

距今 1.45 亿—0.65 亿年。白垩纪的气候相当温和，海平面的变化大；陆地生存着恐龙，海洋生存着海生爬行动物、菊石以及厚壳蛤；新的哺乳类、鸟类出现；开花植物也首次出现。

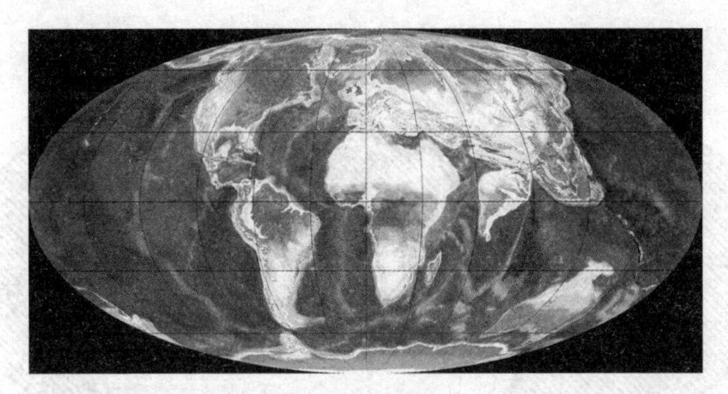

图 2-13　第三纪

距今 6 500 万—260 万年，标志着“现代生物时代”的来临。在地质发展上，晚第三纪全球的海陆轮廓已很接近现今。

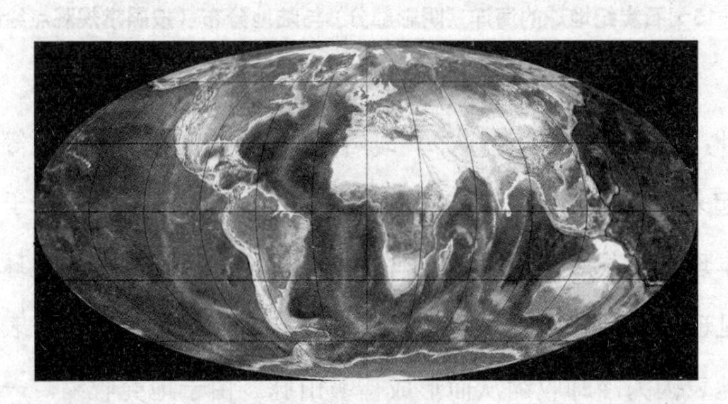

图 2-14　第四纪

距今约 260 万年。在这一时期，人类出现，地震、火山活跃，冰川运动频繁，海平面有升有降。

既然想当然地认为大陆板块——不论高于或没于海平面——在地球的整个发展历史中保持着它们的相对位置未曾改变，那么人们只能据此进行假设。假定地球上存在着某种中间大陆形态，它们当时沉到海平面以下，当陆地的动植物交换停止时，形成了现在分离大陆之间的洋底。众所周知，古地理学的重建就是在此假设的基础上引发的，其中的一个例子为石炭纪。

事实上，中间大陆下沉的假设是最明显的结论。只要人们站在地球收缩或皱缩理论的立场，就必须对这一结论做仔细审查。该理论首次出

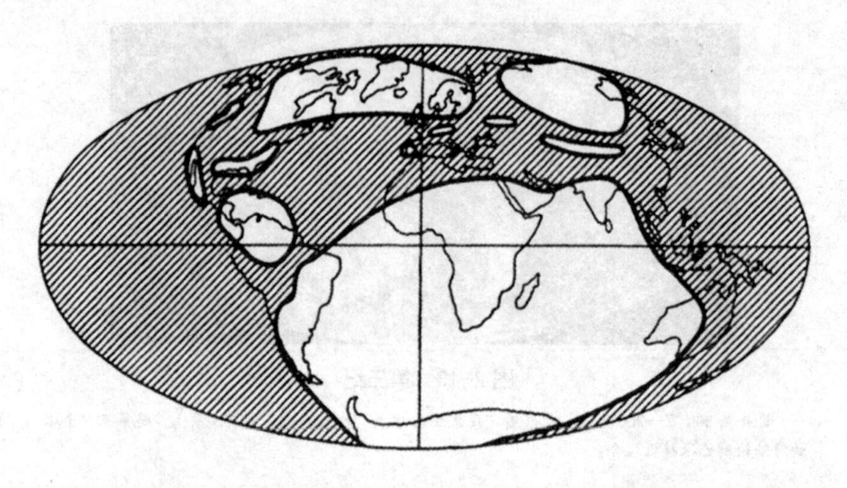

图 2-15 石炭纪地球的海洋（阴影部分）与陆地分布（按照常规观点绘制）

现在欧洲，它由戴纳（Dana）、A. 海姆（A.Heim），特别是苏斯等人开创并发展起来。直至今日，它仍然是大多数欧洲地质教科书中居于主导地位的基本理念。苏斯为该理论的本质做出了最简洁的表达："地球的瓦解由我们见证。"正如一只干瘪的苹果，由于内部水分的损失而在表面形成皱纹，地表因为冷却收缩从而形成褶皱山脉。由于地壳收缩，一个整体的拱形压力作用于地壳，使各个部分保持隆起。也就是说，这些块垒由拱形压力所支撑。在未来一段时间内，这些留在后面的部分可能比其余部分下沉得更快，从而使干燥的陆地成为海底。这一观点由莱尔（Lyell）提出，并且基于这一事实，人们发现大陆上到处都是从前的海洋沉积物。不可否认的是，在很长一段时间里，这一理论为完善我们综合性的地质知识提供了历史性的服务。而且，由于这一时段如此长久，收缩理论应用于大量的个人研究，且其结论都具有一致性。因其大胆而朴素的概念和广泛多样的应用，即使是今天它仍吸引着人们。

自从综合性的地质知识成为令人印象深刻的主题以来，苏斯从收缩理论立场入手，撰写了四卷本的《地球的面貌》，但有越来越多的人质疑其基本理念的正确性。所有的隆起是唯一明显的，而剩余部分则形成由地壳走向地球中心的趋势，这一概念被“地球绝对隆起的检测”驳斥。由东亚与东非裂谷的结构可推断出地壳大部分存在着拉伸力，H. 赫格塞尔（Hergesell）用此结论证明了存在一个连续的无处不在的拱形压力概念这一说法是站不住脚的，此概念已经引发了对最上端地壳理论基础的争议。由于地球内部收缩而引发地壳起皱和山脉褶皱，这一概念导致了一个令人不可接受的结果，即在地壳内部把压力旋转 180° 的弧度。许多学者，如 O. 阿姆斐雷（O.Ampferer）、雷耶（Reyer）、M.P. 鲁茨基（M.P.Rudzki）和 K. 安德雷（K.Andrée），对此颇为反对，他们声称地球的表面如干瘪皱皮的苹果，将不得不进行定期的整体起皱。然而，在阿尔卑斯山脉发现的如鱼鳞状的单层断裂结构或逆掩断层是很独特的，这似乎使得用来解释山脉生成的收缩理论证据越来越不充足，给这一解释带来很多难题。贝特朗（Bertrand）、H. 沙尔特（H.Schardt）、吕荣（Lugeon）和其他人的著作中提出了阿尔卑斯山和其他山脉结构的新概念，从而产生了一个比早期理论更大的压缩比。按照以前的概念，海姆计算的阿尔卑斯山脉收缩 50% 的距离是以单断层理论为基础；现在普遍接受的结果是，初始跨度的收缩必须是原距离的四分之一或八分之一。由于今日阿尔卑斯山脉宽度约为 150 千米，依此情况计算，它必然是由宽度达到 600 ~ 1 200 千米（跨 5 ~ 10 个纬度）的一段地壳压缩而成的。但是，近年来阿尔卑斯山脉大规模的单层断裂综合体表明，压缩距离必须更大。R. 斯托布（R.Staub）与 E. 阿尔冈（E.Argand）对此问题意见一致，斯托布在其著作的第 257 页总结道：

“阿尔卑斯造山运动是非洲板块北向漂移的结果。如果我们把德国黑森林与非洲之间的阿尔卑斯山褶皱和板块碎片平整为一个横切面，会发现今日两者之间的距离约有 1 800 千米，而之前两者之间的原始距离必须

图 2-16　阿尔卑斯山脉

阿尔卑斯山脉是第三纪阿尔卑斯造山运动的结果，位于欧洲中南部，覆盖了意大利北部边界、法国东南部、瑞士、列支敦士登、奥地利、德国南部及斯洛文尼亚。阿尔卑斯山脉自北非阿特拉斯开始延伸，穿过南欧和南亚，一直到喜马拉雅山脉。从亚热带地中海海岸的法国尼斯附近向北延伸至日内瓦湖，然后再向东北伸展至多瑙河上的维也纳。阿尔卑斯山脉呈弧形，长 1 200 千米，宽 130 ～ 260 千米，平均海拔约 3 千米，总面积约 22 万平方千米。

有 3 000 ～ 3 500 千米，这样就意味着阿尔卑斯山（在更广泛意义上，‘阿尔卑斯山’无愧于‘高山’这一对应词）的压缩规模可达到约 1 500 千米。这就是非洲相对于欧洲的位移距离。这里涉及的是真实的非洲大陆漂移，也是一个广泛的案例。”（高山压缩规模的估计值始终在增加。斯托布最近写道：“不管怎样，如果我们现在去想象，这些高山褶皱正如床单一般可能被堆叠了 12 倍，然后再一次次地抚平……那么坚实的高山腹地将必然位于更远的南部，前缘与腹地之间的原始距离可能是今天的 10 ～ 12 倍。”他补充说：“因此，山脉形成之起源相当明确，它来自独立漂移的大板块，是经过了排列与组合的大陆块；因此，从高山地质和汉斯 · 沙尔特的薄板理论出发，我们会明显而自然地得到一个确定的基本原则，那就是伟大的魏格纳大陆漂移理论。”）

其他地质学家也提出类似的观点，如 F. 赫尔曼（F.Hermann）、E. 亨尼格（E.Hennig）和 F. 考斯马特（F.Kossmat）认为："山脉的形成必须解释为地壳的大规模切线运动，而不能简单地纳入收缩理论范围。"在亚洲案例中，E. 阿尔冈在其综合调查过程中特别发展出一个类似的理论，我们稍后讨论它。他和斯托布一样对阿尔卑斯山做了相同的判断。但还没有人试图把这些巨大的地壳压缩力同地球核心的温度关联起来。

即使是收缩理论中看似不言而喻的基本假设，即地球是持续冷却的，也因镭元素被发现而彻底动摇。这种不断产生热量的元素，在我们可以接触到的地壳岩石中，以可测量的含量随处可见。诸多测量得出的结论是：即使内部镭含量相同，其在中心所产生的热量仍要比其从中心向外围传导的多得多。考虑到岩石的热导率，我们能够测量到矿井的深度增加会导致温度上升。然而，这意味着地球的温度应该是持续上升的。当然，铁陨石的放射性极低，这表明地核中的铁含量大概比地壳中的镭含量少很多，因此可以避免得出这种自相矛盾的结论。无论如何，我们不可能再像从前那样考虑这个问题：把地球看成一个曾经具有较高温度的球，其冷却过程是一个暂时性的阶段。目前人们认为，它处于一个热平衡状态，地核产生放射性热量，而热量又散失到太空。实际上，调查数据显示，至少在大陆板块之下，产生的热量比损耗的热量多，因此这里的温度一定是上升的；然而在海洋盆地中，热量传导速度则要大于热量产生速度。把地球作为一个整体来看，这两个过程形成了热量生产率和损失率之间的平衡。不管怎样，人们至少明确了一点，通过这些新观点，收缩理论的基础已经完全被推翻。

证明收缩理论及其思维模式的不当，其实还存在一些困难。大陆和海底之间存在着无限周期的交换，这个由现今大陆上的海洋沉积物所揭示的概念必须被严格界定。这是因为随着对这些沉积物的更精确的调查，所涉及的沿海水域沉积物是什么将会越来越清晰地显示出来。许多曾被断言来自深海的沉积矿床，却被证实来自沿海。白垩层就是一个例子，这已由卡耶（Cayaux）证明。E. 达凯（E.Dacqué）也肯定了这个结论。只有极少数类型的沉积物，如低石灰质的高山放射虫硅质岩和某些红黏土是在深水域（4 ~ 5 千米）中形成的，因为只有深海海水才能溶解石灰质，但直到今天这仍然是个假定的结论。然而，就各大洲而言，相对近海沉积物的面积来说，这些真正的深海沉积物的面积是如此之微小，以至当今大陆上海相化石的浅水性质并未受到影响。然而，这给收缩理论带来了一个相当大的难题。依照地球物理学，沿海浅滩必须是大陆的一部分，因为大陆块是“永久”的，而且在地球历史上从未形成大洋底。我们今天仍然要假设海底是曾经的大陆吗？这个假设显然是通过大陆上发现的海洋沉积物形成于浅滩确立的。不止于此，这一假设导致了一个开放性的矛盾：如果我们复原洲际陆桥的类型，在没有补偿的可能性之下，通过淹没现在的大陆地区直到与海平面齐平，填平今天的大洋盆地，那么体积减小的海洋盆地不可能有足够的空间来容纳全部海水。洲际陆桥之间的水量如此巨大，使地球海洋的海平面升高，并超越整个地球大陆，以至所有的区域都被淹没，一如今日的大洲和陆桥。因此洲际陆桥的复原——大陆之间形成干燥的陆桥——最终不会如愿。图 2-15 就代表着一个不可能的复原，除非我们提出一个具有“临时罕见性”的进一步的假说。例如，以前的海水水量比今天所需的更少，或者当时的海洋盆地比今天的更深。B. 威利斯（B.Willis）和 A. 彭克（A.Penck）等人给我们带来了这种奇异的难题。

在关于收缩理论的反对观点中，我们将再举一例加以强调，它非常特殊。地球物理学家根据重力测定理论认为，地壳漂浮在相当密集的黏性基质上，处于流体静力平衡状态。这一观点被称为地壳均衡说，是根据阿基米德原理得出的，即这只不过是流体静力学的平衡，即浸入物体的重量等于排水量。地壳状态具有如下要点：因为地壳沉浸于具有很高黏度的液体中，所以当平衡状态被扰动后，其恢复趋势只能极端缓慢地进行，甚至需要许多年才可完成。在实验室条件下，这一“液体”几乎不可能与“固体”区分开来。然而在此应牢记一点，即使是被我们认定为固体的钢铁，在其破裂之前，仍然存在典型的流动现象。

地壳负载内陆冰盖是干扰地壳均衡说的一个例子。其结果是，地壳在这种负载下缓慢下沉，并趋向一个对应负载的新的平衡位置。当冰盖融化，初始平衡位置逐步恢复，海岸线在冰盖下沉过程中形成，并随着地壳升高。德·盖尔（De Geer）依据海岸线所绘制的等基线图显示，在最后一次冰川期，斯堪的纳维亚半岛中部至少下沉了 250 米，而周边区域则逐渐递减；对最广泛的第四纪冰期而言，必须假定其下沉数值更高。根据赫格布姆（Högbom）的研究——引自 A. 鲍恩（A.Born）的观点，我们在图 2-17 中复制了芬诺斯堪底亚后冰川期的海拔数值。德·盖尔已证明同样的现象曾发生在北美洲的冰川区。鲁茨基指出，假定地壳均衡，合理的内陆冰层厚度值是可以计算出来的，即在斯堪的纳维亚岛为 930 米，在北美洲为 1 670 米，而北美洲的沉降幅度总计达 500 米。因为地壳基板的黏度使平衡流动自然滞后，所以海岸线一般总是形成于冰川消融之后但陆地尚未上升之前，即使在今天，陆地海拔仍在上升，如斯堪的纳维亚半岛的海拔在 100 年内上升了约 1 米。

沉积体导致板块沉降这一现象也许是奥斯蒙德·费舍尔（Osmond Fisher）第一个认识到的。来自上面的每一个沉积体都导致板块的沉降，偶尔会有延时，因此新表层与旧表层几乎居于相同的水平面。这样一来好几千米厚的沉积层就产生了，而所有的沉积层都在浅水区形成。

稍后我们将更严密地审视地壳均衡说。简单来说，它是通过地球物理学广大范围的观测数值建立起来的，它的一部分现在已成为地球物理

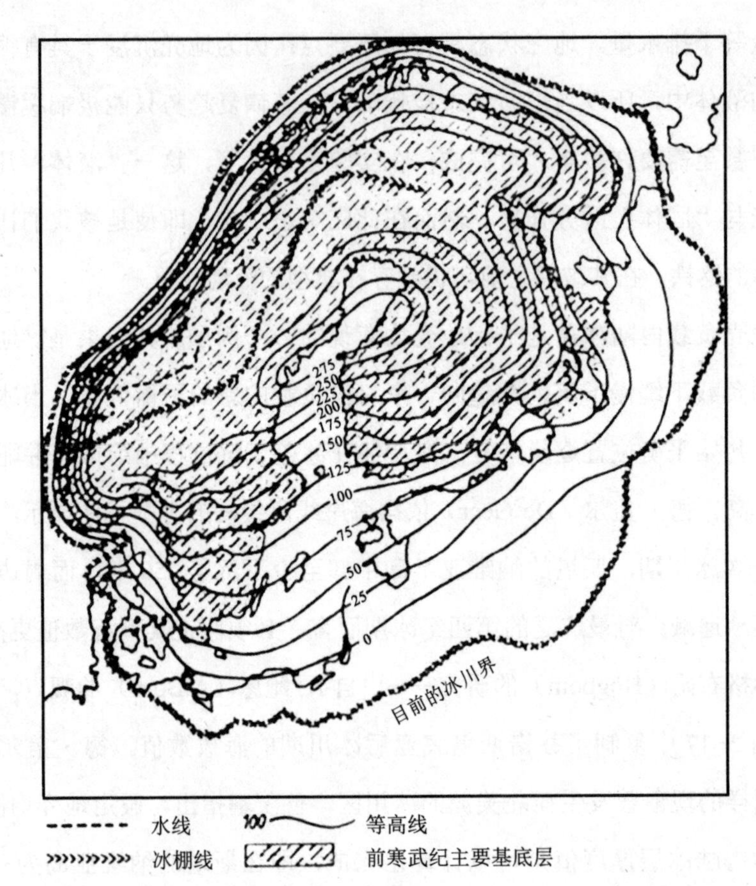

图 2–17 后冰期时代芬诺斯堪底亚等高线图（单位为米，据赫格布姆绘）

学的坚实基础，其基本真理已不再被怀疑。（F.B. 泰勒有时会通过地壳均衡说来表述鲍伊关于地槽和山脉起源的理论。依照鲍伊的观点，沉积盆地的初始高程及地槽，由于它们的等温线上升而崛起，并造成体积膨胀。一旦如此，将导致陆地海拔升高、系列侵蚀发生、锯齿状山脉形成；由于负载减少，此处基台会不断上升。最后，等温线随着海拔的升高被提升到一个异常高度，然后开始缓慢下移；陆块开始冷却和收缩，地表下沉；由山脉区域下陷，新的沉积再次开始。当等温线达到异常低的水平时，进一步的下陷或沉降发生，然后等温线再度上升，如此循环往复许多个周期。带有逆掩断层的巨大褶皱山系，当然不能应用此观点，正如泰勒和其他人所强调的，确实可以应用地壳均衡说，但不应该被简单地冠为“均衡理论”。）

显而易见，均衡理论与地壳收缩理论背道而驰，并且两者很难结合起来。特别是从均衡原则来看，这似乎是不可能的。一个大陆块的规模与一个陆桥所需的规模要达到一致，在没有负载时它们可能会下沉到洋底，否则将会发生翻转。因此，地壳均衡说不仅与地壳收缩理论矛盾，而且与以生物分布规律为依据的沉没陆桥理论相矛盾。（对于收缩理论的反对意见，此处列举的主要是其典型的早期形式。最近，学者们或通过对该理论进行部分的限定，或增加一些假说，已经试图使收缩理论更具有现代特点，从而能够回应那些反对的观点。这些形形色色的著书立说的学者包括L. 科伯、H. 斯蒂尔、F. 诺尔克和H. 杰弗里斯等。罗林・T. 张伯伦认为由地球上的物质“重排”所导致的收缩形成了地球的小行星起源问题。由于罗林・T. 张伯伦的宣扬，这一理论被人们接受。虽然不能否认这些学者在达到目的的过程中的机敏巧言，但不能说他们真的驳倒了反对意见，也不能说他们所带来的收缩理论与新研究达到了令人满意的效果，特别是在地球物理学领域。反而是这一理论仍需要深入的讨论。）

在前文中，我们谨慎地谈到了收缩理论反对意见中的一些细节。因为这个理论中备受争议的部分是被美国地质学家广泛认可的“永久论”，对理论本身而言，这也是根基所在。B. 威利斯对该理论阐述如下：“巨大的海洋盆地构成地球表面的永久性特征，自海水首次聚集以来，其形状鲜有变化，且占据着和现在一样的位置。”事实上，当今大陆上的海洋沉积物形成于浅水水域，由此我们推断，大陆块在整个地球的历史上是永久性的存在。地壳均衡说证明了某种不可能的情况，即现今的洋底是沉没的大陆，这拓展了海洋沉积物的存在范围，即包括永久的深海板块和大陆板块。进一步来说，这个明显的假设是大陆并未改变它们的相对位置，威利斯“永久论”的构想似乎是一个合乎地球物理学知识逻辑的结论。然而，该构想忽视了之前关于陆桥的假定及其衍生生物的分布状况。所以，出现了一个奇怪现象，即关于地球史前结构的两个完全矛盾的理论同时被认可——欧洲几乎普遍坚持的是陆桥理论，而美国则坚持的是海洋盆地和大陆板块永久论。

永久论在美国信徒众多并非偶然，地质学在此发展得较晚，是与地球物理学同时在这里发展起来的，这必然导致他们比欧洲研究者更快速、更完全地采用地质学及相关科学的成果。因此，与地球物理学相抵触的收缩理论在美国没有市场，而地球物理学是永久论的基本假设之一。在欧洲则完全不同，地球物理学产生之前，地质学已经有了很长时间的发展，欧洲还未曾从地球物理学中获益时，就已经借助收缩理论全面地了解了地球的进化。许多欧洲科学家很难完全摆脱传统观念，而且他们对地球物理学研究结果的不信任从未完全消失，这也是非常令人理解的。

地球在一个时间只能对应一个构造形态。然而，真相在哪里呢？是什么隔开了大陆，今天的陆桥还是宽广的海洋？如果我们不想完全放弃对地球上生命演化的理解，那么就不可能否认关于陆桥的假设，也不可能忽视永久论倡导者的理论依据——他们否认沉没的中间大陆的存在。那些清晰的遗骸显示了一种可能性：在所有宣称的假设中一定存在隐藏的错误。

这就是位移理论或大陆漂移理论的起点。陆桥理论和永久论拥有一个基本明显的共同假设，即不管浅水覆盖的变量如何，大陆之间的相对位置从未改变。该假设一定是错误的，因为大陆一定曾经漂移过。南美洲与非洲连接在一起形成统一陆块，在白垩纪分裂成两块。在数百万年的时间里，这两个部分就像水面上破碎的浮冰块，离得越来越远。这两个陆块边缘的轮廓，甚至在今天也引人注目地一致。不仅是巴西海岸圣罗克角的大矩形弧度可以和非洲喀麦隆弯曲的海岸相契合，而且在这两两对应的地方的南部，巴西一侧的凸起也必然对应非洲一个与其完全契合的海湾，反之亦然。罗盘和地球仪测量显示，这些地方的尺寸大小都是精确相等的。

同样地，北美洲一度位于欧洲旁边，连同格陵兰岛形成了一个连贯的大陆块，至少在纽芬兰岛和爱尔兰以北是如此。这个陆块在第三纪晚期第一次破裂，形成格陵兰岛的叉形的裂谷，更北一带在第四纪晚期才破裂，此后大陆块就彼此漂移、远离开来。南极大陆、澳大利亚大陆、印度次大陆和非洲南部在侏罗纪初期并肩相连，它们和南美洲一起接合为一个单一大陆，部分区域曾被浅海覆盖。该陆块在侏罗纪、白垩纪和第三纪等地质时期分裂为破碎的小块，这些子块向四方漂散。我们有三张不同地质时期（上石炭纪、始新世和早第四纪）的世界地图，显示了这一进程。至于印度板块的情况，进程有点不同：它原来是以一个长形地带和亚洲大陆相连，虽然其主体部分淹没于浅海。印度板块一方面与澳大利亚分离（在早侏罗纪），另一方面和马达加斯加岛分离（在第三纪到白垩纪的过渡期），在此之后，印度板块不断向亚洲移动，其与亚洲交界的长条连接带一再被压缩，形成当今地球上最大的褶皱区域，即喜马拉雅山脉和其他许多亚洲高地的褶皱链。

大陆漂移在其他区域内也与造山作用有必然关联。南、北美洲都向西漂移时，由于古太平洋洋底极度寒冷，形成黏性阻力，它们的前缘部分受到挤压而产生收缩褶皱，结果形成从阿拉斯加一直延伸到南极洲的巨大的安第斯山脉。同样我们来看一下澳大利亚陆块，包括由陆架海隔

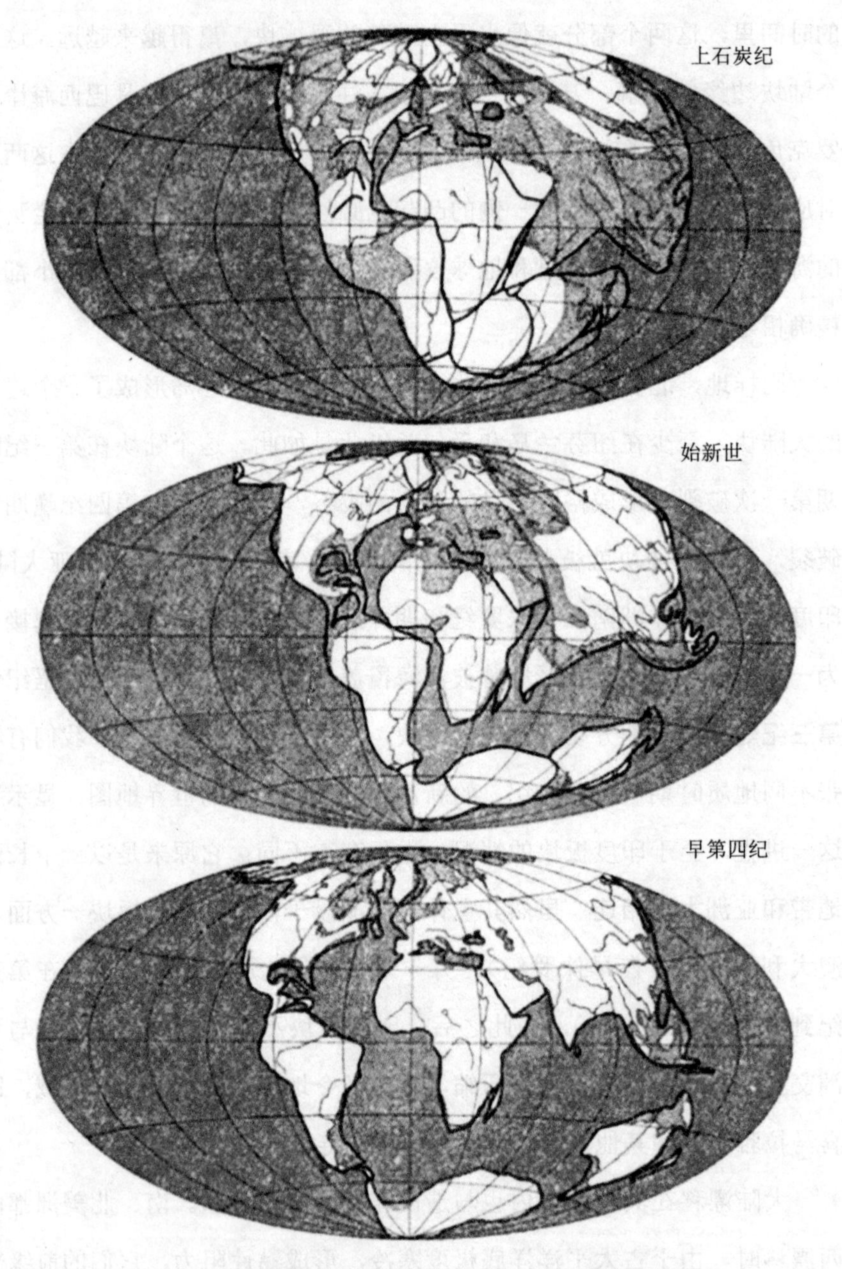

图 2-18　根据大陆漂移理论绘制的世界三个时期的海陆复原图（一）

阴影表示海洋，今日的海陆轮廓与河流简单列出以助于识别。地图经纬线是随意设定的。

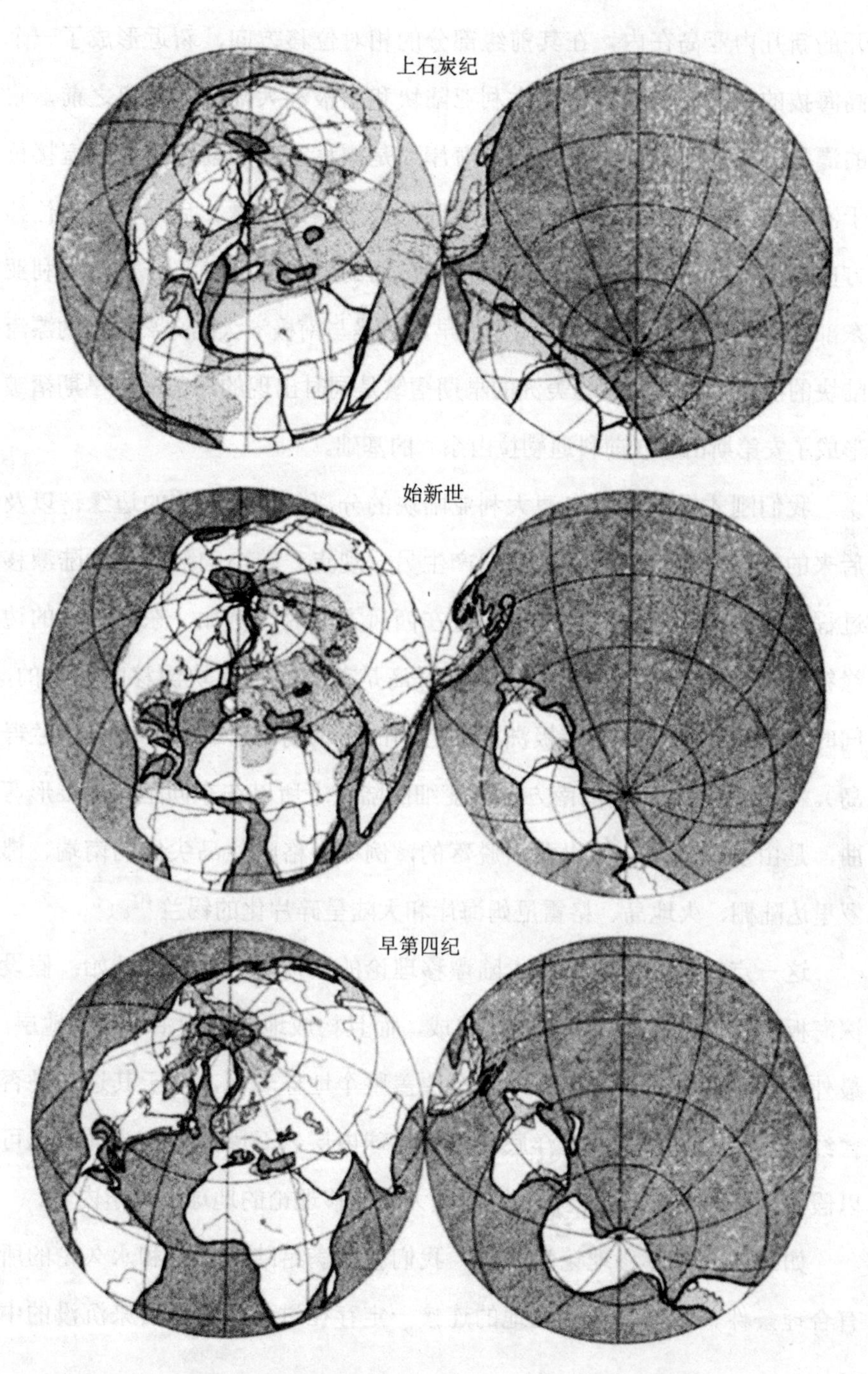

图 2-19　根据大陆漂移理论绘制的世界三个时期的海陆复原图（二）

与上图相同，但投影不同。

开的新几内亚岛在内，在其前缘部分的相对位移方向，新近形成了一个高海拔的新几内亚山脉。澳大利亚陆块和南极洲大陆分裂远离之前，它的漂移方向是不同的。现今的东海岸线是漂移方向的前缘，那时直接位于海岸前面的新西兰由于折叠压缩而形成了褶皱山脉。后来，由于位移方向的改变，这些山脉被切断，留在后面的就成了岛链。今日澳大利亚东部的科迪勒拉山系形成年代则更早，它是与南极洲大陆分离以前的漂流陆块的前缘。它和南、北美洲的早期褶皱是同时出现的，美洲的早期褶皱形成了安第斯山脉（前科迪勒拉山系）的基础。

我们刚才提到了源自澳大利亚陆块的分离，包括之前的边缘链以及后来的新西兰岛链。这引导我们产生另一观点：较小的陆块在大陆漂移过程中会脱落留下，尤其当它们处在西风方向时。例如，东亚板块的边缘链分裂为花彩岛；大小安的列斯群岛是美洲中部板块漂移时留下的，同时还形成了火地岛与南极洲西部之间的所谓南部群岛弧（南设得兰群岛）。事实上，所有朝向南方逐渐变细的陆块之所以在东向呈现出锥形弯曲，是由于它们是在冰山背后脱落的，例如，格陵兰岛尖锐的南端、佛罗里达陆棚、火地岛、格雷厄姆海岸和大陆呈碎片化的锡兰[1]。

这一点很容易理解，即大陆漂移理论的整体观点从假设开始：假设深海板块和大陆板块由不同材料组成，而且构成地球结构中不同的地层。最外层被称为岩石圈，但并不完全覆盖整个地球表面，至于其过去是否曾经覆盖暂且不知。大洋洋底代表着地球内层岩石圈的自由表面，也可以假设它在大陆块下面运行。这就是大陆漂移理论的地球物理学内容。

如果以大陆漂移理论为基础，我们就能满足陆桥理论和永久论的所有合理条件。这就等于说陆地的连接一定存在过，但不是后来沉没的中

[1] 锡兰，现更名为斯里兰卡（Sri Lanka）。本书后面均译作“斯里兰卡”。——译者注

间大陆，而是大陆之间的直接接合，只不过现在它们是分开的。永久论也是存在的，它是地球上海洋区域与大陆区域的合体，而不是单独的海洋或大陆。

这一新概念的详细证据将成为本书的主要内容。

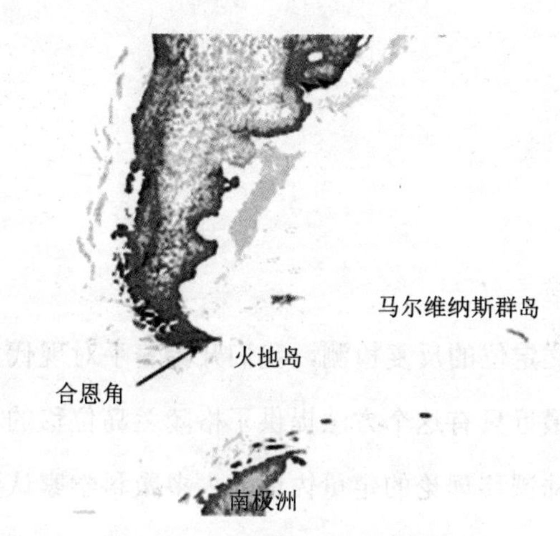

图 2-20　火地岛、合恩角和马尔维纳斯群岛

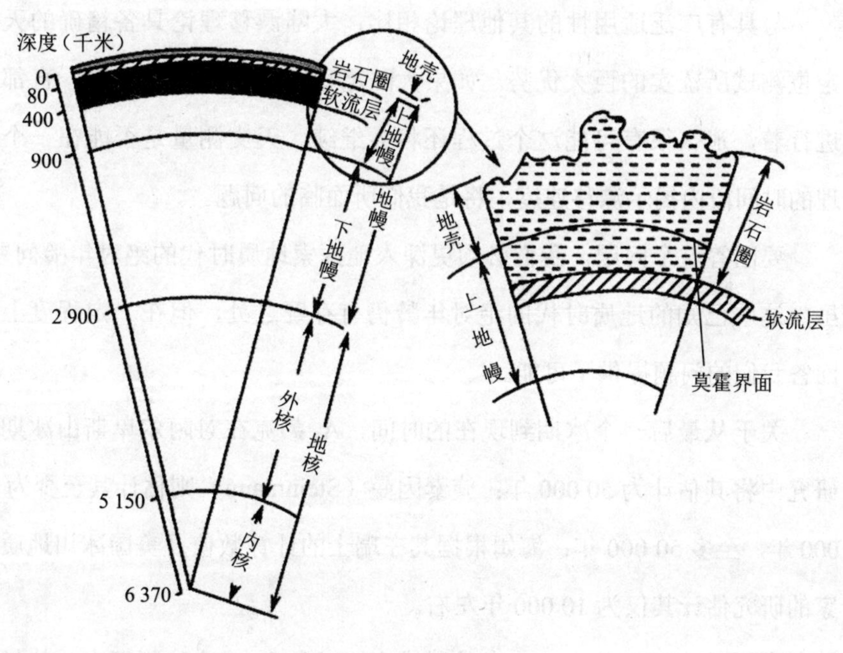

图 2-21　地壳结构图

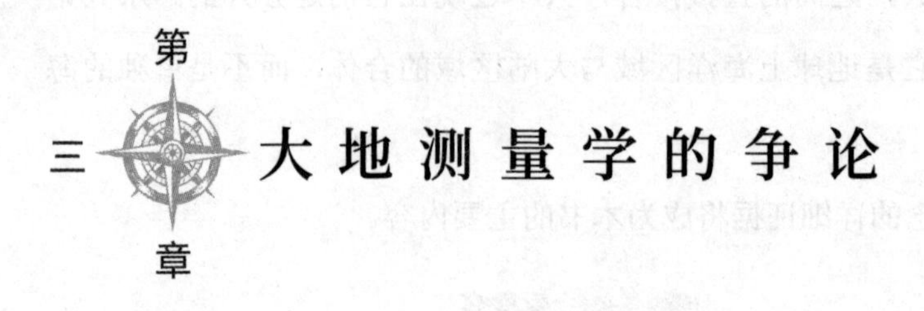

第三章 大地测量学的争论

通过天文定位的反复检测，我们开始着手对现代大陆漂移理论进行论证。因为最近只有这个方法提供了格陵兰岛位移的真正证据，同时它也构成了大陆漂移理论的定量佐证。大多数科学家认为它是对漂移理论最精确可靠的测试。

与具有广泛适用性的其他理论相比，大陆漂移理论具备精确的天文定位测试所证实的巨大优势。如果大陆漂移在这么长的时间内一直都在进行着，那么很有可能这个过程还将会继续。天文测量是否能在一个合理的时间段内揭示漂移速度，将是我们所面临的问题。

要回答这个问题，我们必须更深入地探索地质时代的绝对年龄问题。虽然这些已知的地质时代的绝对年龄仍有存疑之处，但在一定程度上为回答我们的问题提供了可能。

关于从最后一个冰期到现在的时间，A. 彭克在对阿尔卑斯山冰期的研究中将其估计为 50 000 年；施泰因曼（Steinmann）则估计其至少为 20 000 年，至多 50 000 年；海姆根据其在瑞士的计算数值及美国冰川地质学家的研究估计其仅为 10 000 年左右。

利用天文研究的方法，米兰科维奇（Milankovitch）测算出，从最后一个冰河期的最冷气候点到现在为25 000年左右（这个冰期的主要阶段发生在75 000年前），而大约在10 000年前，地球进入一个气候适宜期，这个气候适宜期已由欧洲北部的地质证据确认。德·盖尔根据黏土层的计算数值断定，退缩的冰盖前缘在12 000年前经过瑞典南部的斯科恩，但在16 000年前它还位于梅克伦堡。通过米兰科维奇的推算，第四纪的时间跨度为60万～100万年。对我们的研究目标来说，这些估计值之间的一致性已经足够满足需要了。

我们尝试着通过测量沉积层的厚度来评估地质时代早期的持续时间。例如，E. 达凯和鲁茨基已经利用这个方法推断出第三纪的时间跨度为100万～1 000万年，中生代的时间跨度大约是第三纪的3倍，古生代大概为12倍之长。

尤其是对地质早期来说，如此长的时间跨度，要由放射性测年法来测定。如今该方法有着最高的权威。该方法基于铀和钍原子的渐进性衰变，α放射粒子（氦核）经过几次中间转换最后成为铅原子。

放射性测年法可以分为三种。第一种方法是氦测定法。氦的相对量随着矿物浓度的增加而产生，这是可测量的。这一方法与后面的测量方法相比，所提供的数值小一些。氦气释放缓慢，因此或许有人会认为这一测定法要逊于其他方法。第二种方法是确定最终产物即铅的相对量，并据此推断出年代。第三种方法是多色晕法。因为α粒子辐射会在周围的岩石产生非常小的放射性彩色晕环，且随着时间推移晕环会扩大，所以矿物样品的年代可依据晕环的大小来测定。

鲍恩测定中新世的岩石年龄为6×10^6年，中新世—始新世的岩石年龄为25×10^6年，晚石炭纪的岩石年龄为137×10^6年。这三个数值都是通过氦测定法获得的。而铅测定法测出晚石炭纪的年龄为320×10^6年，该值明显偏高，测出阿尔冈纪的年龄为$1\ 200\times10^6$年，而氦测定法测出

的只有 350×10^6 年。这些数值都比基于沉积物厚度估计的大得多。

在此，我们的讨论仅以第三纪后的地质时期为主。通过各种方法测定的相关数据，它们之间出入不大，其结果足以满足我们的研究目的。表 3-1 为测定的第三纪后的地质时代的年龄。

表 3-1　第三纪后的地质时代年龄表

自第三纪初迄今	2 000万年
自始新世初迄今	1 500万年
自渐新世初迄今	1 000万年
自中新世初迄今	600万年
自上新世初迄今	300万年
自第四纪初迄今	100万年
自第四纪后期迄今	1万～5万年

借助这些数字和大陆所覆盖的距离，我们假设大陆位移正在发生，且以匀速位移，这样就可以形成一个粗略的年度漂移量的图片。当然这两个假设是难以测试的。如果添加测试条件会导致地质时期年龄的不确定性达到 50%，甚至 100%，并进而导致陆块分离时间不确定，那么可以断定这些数字只能提供一个粗略的方向。如果以后的测量给出完全不同的结果，我们也不必感到惊讶。尽管如此，这些粗略的计算也是有价值的，因为它将研究者的注意力吸引到了那些在较短的时间跨度内存在一些可测量位移的地方。

表 3-2 标出了一些特别有趣的地区之间的年度位移距离。其中最大的变化是格陵兰岛和欧洲之间的裂隙距离，其次是冰岛和欧洲之间、马达加斯加岛和非洲之间的裂隙距离。就格陵兰岛和冰岛来说，其漂移方向为东西方向，因此，天文定位可以探测到，它们之间的漂移只存在经度差异，而非纬度差异。

表 3-2 部分大陆的年度位移距离

区 域	相对移动数据（千米）	分离后迄今的年数（百万年）	年移动距离平均值（米）
萨宾岛—熊岛	1 070	0.05～0.1	21～11
费尔韦耳角—苏格兰	1 780	0.05～0.1	36～18
冰岛—挪威	920	0.05～0.1	18～9
纽芬兰—爱尔兰	2 410	2～4	1.2～0.6
布宜诺斯艾利斯—开普敦	6 220	30	0.2
马达加斯加—非洲	890	0.1	9
印度—南非	5 550	20	0.3
塔斯马尼亚—威尔克斯地	2 890	10	0.3

前一段时期，研究者的注意力恰巧集中在格陵兰岛与欧洲之间经度差异的增加方面。这一发现多多少少源于兴趣。当时，我已经绘制出第一个粗略的漂移理论的草图，而丹麦探险队对格陵兰岛东北部的经度测量还未完成。这是 1906—1908 年缪利乌斯·埃里克森（Mylius Erichsen）带领的探险队，我作为助手参与其中。我已知晓探险队的早期数据是从萨宾岛经度站以及我们在丹麦湾通过三角测量获得，因此我写信给探险队的制图员科赫，并给了他漂移理论的框架，想让他看看我们考察所得的经度数据是否与早期预期的数字存在分歧。科赫做了一个临时的数据计算给我，他认为的确与预期的数字存在一个数量级的差异，但他不能确认格陵兰岛的位移差异。当确切的计算结果出来时，科赫针对该问题调查了错误的来源，这一次他认为漂移理论实际上是最合理的解释："从之前的研究来看，错误是一定会出现的。根据丹麦探险队和日耳曼尼亚探险队（1869—1870 年）的那些数据，无论是分开还是结合在一起来看，都不足以解释海斯塔克所说的位移差距是 1 190 米。在此，应认定唯一误差来源是天文经度测量。不管怎样，我们将不得不承担天

文经度测量值大于平均误差 4~5 倍的结果……”

1823 年，E. 萨宾（E.Sabine）在格陵兰岛东北部做了经度测量，得出三组数字。当然，这些最古老的测量并不是完全在同一个地方进行的。萨宾在该岛的南缘得出其观察结论，之后此岛被命名为萨宾岛。遗憾的是，该结论还是存在一定程度的不确定性，那就是没有标记观察的确切地点，尽管这一点不是那么重要。鲍恩和科普兰（Copeland）于 1870 年随同日耳曼尼亚探险队进行了考察，考察地点位于距萨宾岛南缘几百米远的东方。科赫在遥远的北方，即格陵兰岛日耳曼尼亚地的丹麦港也进行了考察，其结论与萨宾的三角测量结果相关联。测量结果从一个测量地点转移到另一个地点所造成的不精确性，由科赫一一准确地检测出来。结果表明，与经度测量本身所具有的更大的不确定性相比，这个错误可以忽略不计。数据显示格陵兰岛东北部与欧洲之间的距离在增加。

1823—1870 年间共移动了 420 米，即每年移动 9 米；

1870—1907 年间共移动了 1 190 米，即每年移动 32 米。

其中三组数字的平均误差是：

1823 年——约 124 米；

1870 年——约 124 米；

1907 年——约 256 米。

但 F. 伯迈斯特（F.Burmeister）在此情况下提出了反对意见，他认为涉及月球观测法的平均误差不能保证结果的准确性。这主要是因为，在月球观测法中，系统误差并未体现在平均误差中。在不利的情况下，系统误差的客观存在可能造成计算结果误差甚巨。因此，它们只是恰好适应了漂移假设，但还不足以构成准确的证据。

从那时起，丹麦调查所（现今的哥本哈根大地测量研究所）在这个问题上进行了令人满意的前卫研究。P.F. 延森（P.F.Jensen）在 1922 年夏天对格陵兰岛西部进行了新的经度测量，使用了精度更高的无线电报传送时间的方法。我和 E. 斯塔克（Stuck）在德国也发表了关于研究结果的文章。延森在格陵兰岛的戈德霍普殖民地重复进行了早期的经度测量，目的是与旧观测值进行一个对比。这些旧观测值一部分来自 1863 年，由法尔博（Falbe）和布卢姆（Bluhme）测定，一部分来自 1882—1883 年，由莱德（Ryder）测定。这些旧观测值由月球观测法获得，并不那么精确。因此，延森将它们合并成一个平均值，对应于 1873 年的年度值，并且和他获得的更精确的测量值进行了比较。最重要的是，他避免了系统误差对结果的干扰。结果再次表明，在过渡时期格陵兰岛向西漂流约 980 米，相当于 20 米 / 年。

我把这些测量结果与格陵兰岛东部的观测数据一起呈现在图 3-1 中，

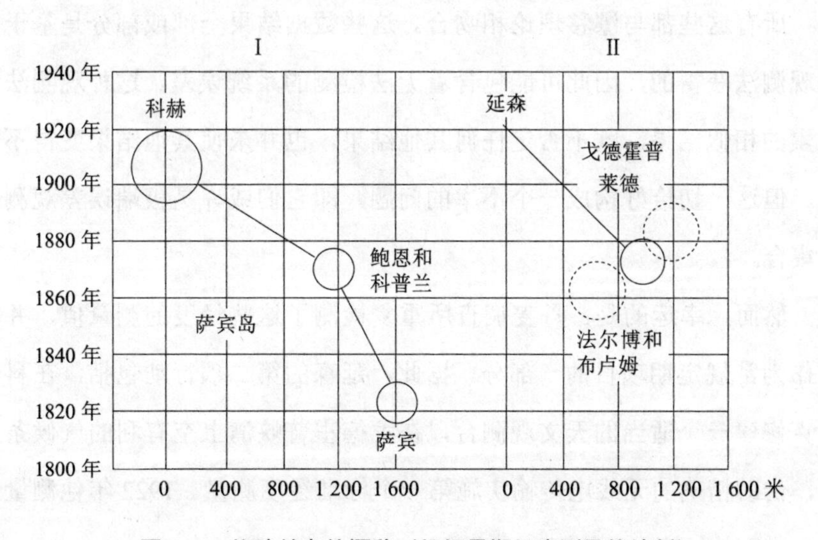

图 3-1　格陵兰岛的漂移（根据早期经度测量值绘制）

有助于读者的想象。圆半径的大小可以通过横坐标来读取，平均误差的一系列测量值以米为单位来表示。延森观测数值的精度优越性立即凸显出来。观测数值归类在“Ⅰ”下的指萨宾岛（格陵兰岛东北部）的数据，归类在“Ⅱ”下的指格陵兰岛西部戈德霍普的数据。除了上述观测数据的平均值，1863 年和 1882—1883 年的数据也同时在这里显示出来。当然，在相反的方向上它们存在着矢量差异，但由于时间间隔短暂，人们在研究它们不精确性的影响时，可以忽略这一点。然而，与延森后期的观测数据相比，他们中的每一位都给出了经度增加的时间率。总而言之，现在有了以下四个相互独立的比较数据集：

科赫—鲍恩和科普兰；

科赫—萨宾；

延森—法尔博和布卢姆；

延森—莱德。

所有这些都与漂移理论相吻合。这些数据结果全部或部分是基于月球观测法获得的，因此可能包含着无法检测的系统误差。这种观测法所积累的相似结果，既不否定任何其他结果，也并未使其他结果变得不可信。但这一切恰好构成一个不幸的问题，即它们或许是极端误差观测值的集合。

然而，幸运的是，丹麦调查所重复检测了这些经度的测量值，并将其作为常规定期项目的一部分。据此，延森的第二项行动包括，在科尔诺克修建一个适当的天文观测台，在戈德霍普峡湾上空有利的气候条件下，借助精确的无线电传输实施第一个标准经度测量。1922 年他测量了科尔诺克的经度：

3 小时 24 分 22.5 秒 ±0.1 秒，格林尼治以西（恒星观测）；

3 小时 24 分 22.5 秒 ±0.1 秒，格林尼治以西（太阳观测）。

科尔诺克的经度现在已由中尉军官扎贝尔－约根森（Sabel-Jörgensen）在 1927 年夏季重复测量。他使用现代客观的千分尺[1]消除了个人主观造成的观测误差，这比延森的测量结果更精确。

一个令人兴奋且期待已久的结果是：1927 年测得的科尔诺克经度是 3 小时 24 分 23.405 秒 ±0.008 秒。（最感谢的是哥本哈根大地测量研究所所长诺伦德教授，因为他允许我引用这一尚未发表的数据。）

与延森的测量结果相比，关于格林尼治产生了一个经度差，即格陵兰岛与欧洲在 5 年内的经度差约为 0.9 秒（时间），这意味着两者之间的距离每年增加约 36 米。

这一增加值比延森测量的平均误差大了 9 倍，但在无线电传输方面并不存在任何系统误差。因此，结果就是格陵兰岛的位移在不断增加，除非延森的个人观测误差达到 0.9 秒——这是一个最不可能的假设。

应用非个人化的客观方法对科尔诺克的经度测量每 5 年重复一次。这项有趣的观测确定了更加精确的年度位移量，也确立了漂移率是稳定的还是变动的。

作为第一个精确的大陆漂移天文学证据，它充分证实了漂移理论定量分析中的预想。在我看来，整体的理论探讨将置于一个新的立足点上：我们的关注点现在已从理论的可靠性问题转移至个人断言的精确度上。

与格陵兰岛的情况相比，北美洲与欧洲之间相对位移率的测量情况就不太顺利了。当然，测量条件更有利了，我们不再依赖月球观测

[1] 又称螺旋测微器，其测量精度可达0.01mm。

图 3-2　仍在漂移的格陵兰岛

法，因为北美洲的经度测量值已使用电报发送了。一般而言，我们不得不为这一优势所付出的代价是，预期的位移变化值极小——我们的测量给出了约 1 米 / 年的位移数值，这是纽芬兰岛和爱尔兰岛之间自断裂以来的平均值。然而从那时起，北美洲的位移方向发生了变化，结果它与格陵兰岛发生分离，而且这一分离仍在继续；北美洲很可能相对于基板一直向南漂移。今天拉布拉多和格陵兰岛西南沿海各点相应位置吻合的现象表明这种漂移依然继续着，旧金山地震断层的裂谷线和加利福尼亚半岛的初始加压进一步证实了这一点。因此，很难说今天经度的预期增加到底有多大。但无论如何，它都应该略小于 1 米 / 年的位移数值。

应用横跨大西洋的电报技术，以 1866 年、1870 年和 1892 年的旧经度测量值作为基础，我曾经推断出北美洲和欧洲的距离实际增加值达 4 米 / 年。然而，根据加勒（Galle）的研究，这个结果一定是由于测量数据的组合问题形成的。这种组合是困难的，因为旧测量值不涉及欧洲和北美洲的相同地点，所以仍需考虑到大陆范围内的经度差异。不同的使用方法获得了不同的结果，也最终影响了结论。在第一次世界大战前不久，为了解决这个问题，我们与美国合作进行了一项新的经度测量，并使用无线电报核查测量值。然而，测量工作在战争开始时因电缆被切断而过早地中止了，因此测量结果未达到所需的精度，这表明目前位移仍然太小而不可靠。坎布里奇和格林尼治之间的经度差罗列为如下数字：

1872 年——4 小时 44 分 31.016 秒；

1892 年——4 小时 44 分 31.032 秒；

1914 年——4 小时 44 分 31.039 秒。

最早在 1866 年测得的数据为 4 小时 44 分 30.89 秒，因为太不准确而被省略了。

自 1921 年以来，欧洲和北美洲之间经度差的连续测量已经通过无线电信号展开了；1925 年，B. 瓦纳奇（B.Wanach）对这些测量结果进行了讨论。由于只涉及 4 年时间，可以检测到的数值没有明显的增加，这并不意外。然而这些观察资料与这样的增加也并不矛盾，正相反，如果将数据整合起来，北美洲的年度西向位移达 0.6 米，尽管可能的误差为 ±2.4 米。瓦纳奇总结说："目前只能说，北美洲相对于欧洲的任何位移明显超过 1 米 / 年是最不可能的。" E. 布雷尼克（E.Brennecke）发表了一个类似的意见："这是真的，我们获得的数据既不是有利于大陆漂移规定量的证据，也不是反对这一观点的证据，我们必须等待结果。" 应该指出的是，当无线电测量出新数据时，跨大西洋电缆获得的测量数据则完全被无视了。到目前为止，电缆测量的精确度明显低于无线电测量。然而，这一缺陷随后可能由更大的可用的时间间隔来补偿，因此将新旧测量数据结合起来看是有必要的。这必须留给大地测量学来完成。我毫不怀疑，在不久的未来，我们会成功地测量出北美洲相对于欧洲漂移的精密数据。

马达加斯加岛地理坐标的变化最近也引起了我们的注意。1890 年借助满月法的观测，我们在塔那那利佛天文台测得了该地点的经度，并在数据被破坏和恢复之后，于 1922 年和 1925 年在同一地点以无线电报法进行了测量。我感谢巴黎的 C. 莫兰（C.Maurain）教授在信中写下了三个数值：

表 3-3　C. 莫兰教授观测的数值

年　份	观测者	所用方法	格林尼治以东经度
1889—1891	P.柯林	满月法	3小时10分7秒
1922	P.柯林	无线电报法	3小时10分13秒
1925	P.泊松	无线电报法	3小时10分12.4秒

这些数值表明，马达加斯加岛相对于格林尼治子午线的位移幅度要大得多，即每年 60 ～ 70 米的距离。马达加斯加岛相对于非洲的位移，则是一个很小的数值。这表明非洲南部相对于格林尼治偏东方向也在移动。由于这些地区彼此之间的巨大间隔，漂移理论不必对此做出更进一步有用的声明。希望非洲南部的经度在未来也可以被测量，马达加斯加岛和非洲南部之间的经度差也可以被监控，这是漂移理论中最重要的一个问题。为了就马达加斯加岛与非洲之间相对运动的其他要素进行定量跟踪，还需要对这两个区域反复地进行精确的纬度测量。无论如何，目前所观察到的马达加斯加岛经度的变化，在研究方向上是与漂移理论相吻合的。当然这里还需要指出的是，最古老的测量是基于月球观察法，反对这些测量的原因同样也是反对格陵兰岛东北部测量数据的原因。尽管如此，马达加斯加岛的整体位移相较于之前的数据来说，几乎达到 2.5 千米，距离如此之大，以至于由于观测导致的错误的概率很小。然而，对马达加斯加岛进行进一步测量的规划已做出，我们期待，不久以后能

从那里获得可靠的测量结果。

在1924年马德里召开的大地测量学大会和1925年国际天文联合会的研讨会上，会议制订了通过无线电测定大陆漂移经度的全面计划。据此计划，经度测量不仅在欧洲和北美洲之间展开，而且也将在火奴鲁鲁、亚洲东部、澳大利亚和中南半岛一带进行。

该项目第一个系列的测量在1926年秋天进行，G. 费里埃（G.Ferrié）报告了法国获得的结果。当然，任何可能的变化都会在后来的重复测量中出现。人们似乎对既定计划还欠缺考虑，即基于漂移理论，地球的哪些部分应按照预期去获得可测量的变化。但是，格陵兰岛和马达加斯加岛的例子让我们看到了这个计划正朝此方向改进的希望。

可以明确的一点是，通过反复的天文定位精确检测，漂移理论已经取得长足的进步，它的正确性已经开始显现。

总之，还应该注意目前欧洲和北美洲天文台对地理纬度变化的测量结果。

根据金特（Günthe）的研究报告，A. 霍尔（A.Hall）认为在某种情形下纬度数值减少的情况如下：

巴黎在28年内减少了1.3秒；

米兰在60年内减少了1.51秒；

罗马在56年内减少了0.17秒；

…………

那不勒斯在51年内减少了1.21秒；

…………

普鲁士哥尼斯堡在23年内减少了0.15秒；

格林尼治在18年内减少了0.51秒。

高斯丁斯基（Kostinsky）和索科洛夫（Sokolow）认为普尔科瓦（亦称普尔科沃）天文台记录了百年的纬度减少幅度。此外，华盛顿在18年内减少了0.47秒。

我们发现，相似量级的系统误差源于所谓的天文台圆顶室折射现象。因此，在很长一段时间里存在着一个倾向，即把所有这些系统误差归因于这个现象。

然而，支持这一变化的人数最近在成倍地增加。此后，W.D.兰伯特（W.D.Lambert）表明，目前，加利福尼亚尤凯亚的纬度和北美洲其他天文台的观测数据都发生了明显的变化。

在最近的著作中，兰伯特表明："国际天文台不是发生令人困惑的纬度变化的唯一案例。罗马自1885年以来就已经改变了1.43秒的纬度。对这类异常情况进行系统研究是非常必要的。"

然而，上述提到的旧数据对今天的漂移而言，具有相反的意义，因为尤凯亚的纬度仍在增加。

很难解释这些纬度的变化，因为它们既可能由大陆漂移引起，也可能由地极位移引起，而后者与前者之间并无关联。正如我们以后在更多的细节中所显示的那样，最近有可能通过国际纬度服务的测量手段来检测今天的地极位移，依据就是，北极点正在向北美洲方向位移，这意味着北美天文站纬度正在增加。然而，根据迄今为止的结果来判断，这一地极位移的程度小于所观察到的正在增加的北美纬度。未来如果不能证明地极位移的幅度变得更大，人们就会得出这样的结论，即相对于地表的其余部分，北美洲正在向北移动。这将是非常奇怪的，因为有许多迹象表明它是向南漂流。只有在更长时间内完成一系列测量之后，这些问题的完整解释才可能得出；而且在这样的情况下，以前的漂移理论是否能解释清楚这些问题，也是令人怀疑的。

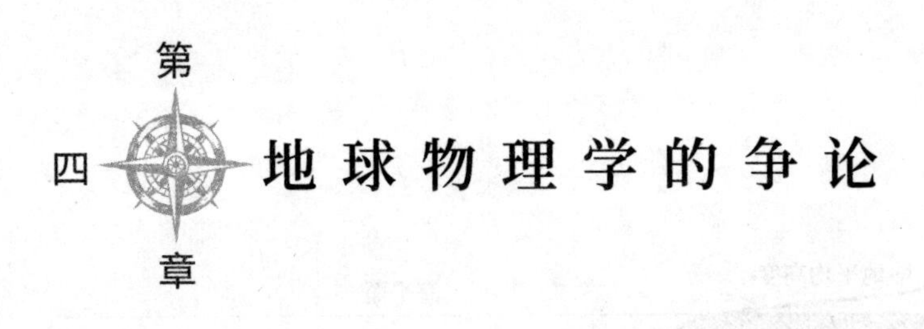

第四章 地球物理学的争论

以地球表面高于或低于海平面的统计分布来看，地球表面存在着两个模态的高程数值，而中间值是罕见的。高值对应着大陆表面海拔，低值则对应着海底。如果把整个地球表面按照1平方千米为单位来分割，并以高于或低于海平面的高度顺序来排列，那么这就是众所周知的等高曲线图。克吕梅尔（Krümmel）绘制的等高曲线图清楚地显示出这两个级别的高程。根据H. 瓦格纳（H.Wagner）的计算，显示各种高程的频率按数字排列如下（许多数字是基于科西纳的海洋调查，表4-1是依据从前的、与克吕梅尔和W. 特拉贝尔特略有不同的数据绘制的）：

表4-1　各级高程出现的频率

	海面以下的深度							海面以上的高度			
千米	6	5—6	4—5	3—4	2—3	1—2	0—1	0—1	1—2	2—3	3以上
百分数	1.0	16.5	23.3	13.9	4.7	2.9	8.5	21.3	4.7	2.0	1.2

W. 特拉贝尔特的等高曲线图是这个系列中最好的代表，它是在较早的一些数据的基础上绘制的，与其他等高曲线图相比显得更细致。图4-2就显示了这个频率分布图，它以1 000米为增量，因而频率百分比仅为上表的10%。这里的两个最大频率的高程分别位于海平面下4 700米处和海

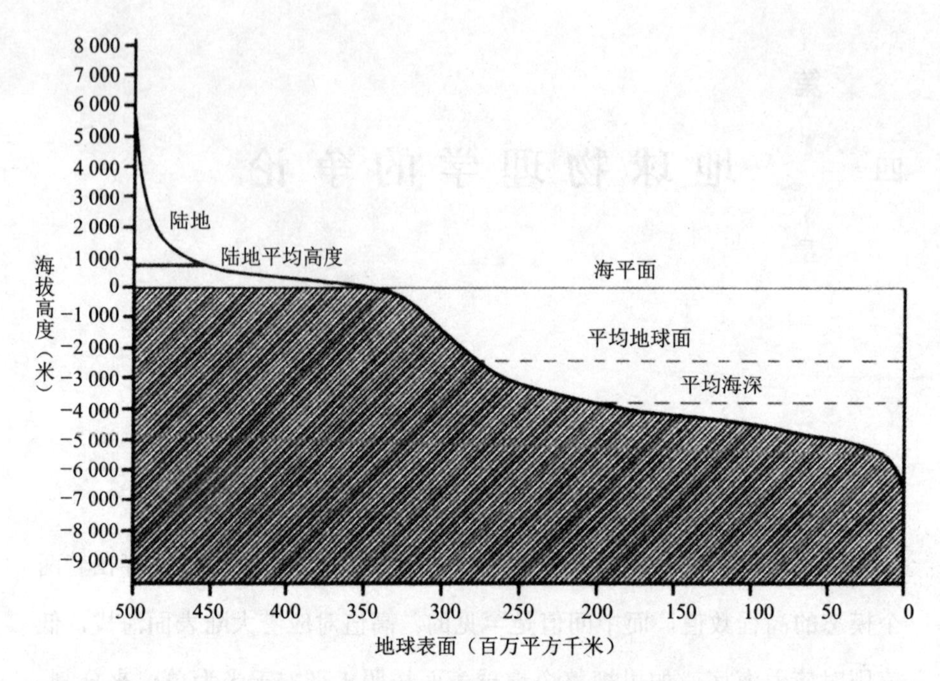

图 4-1　地球表面的等高曲线（据克吕梅尔绘）

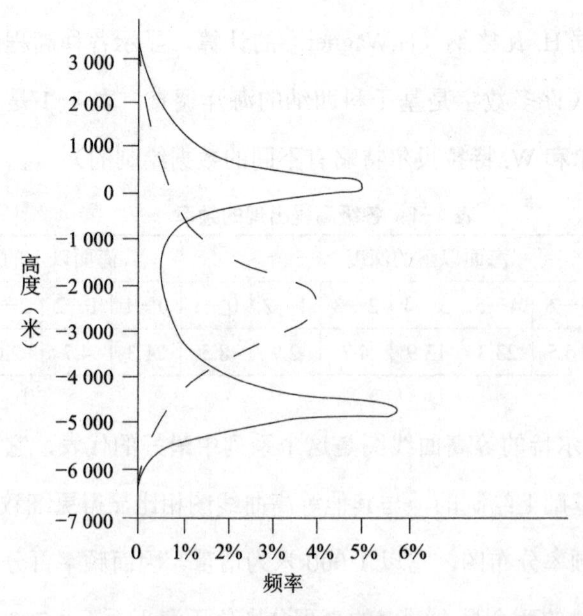

图 4-2　高程频率分布图

平面上约 100 米处。

随着深海探测量的增加，这些数字使人们注意到一个事实：大陆前缘会骤然下降或者大陆架到海洋的坡度越来越陡峭。将早期的海洋图与 M. 格罗尔（M.Groll）最新绘制的海洋图比较一下，就会发现这一现象。例如，1911 年，特拉贝尔特计算出海深 1 ～ 2 千米的高程所占面积为 4%，海深 2 ～ 3 千米的高程所占面积为 6.5%。而瓦格纳根据格罗尔的图得出的结果则分别是 2.9% 和 4.7%。因此，将来深海探测技术发展后，人们看到的两个高程的最大频率差异将会比目前的更明显。

在整个地球物理学中，几乎很难发现比这个更具清晰度和可靠性的规律：地球表面存在着两个优先级别的高度平面，它们交替并列，分别代表大陆和洋底。但令人惊讶的是，对于这个众所周知的规律，几乎无人尝试去解释。事实上，根据通常的地质解释，海拔导致原始水平面的隆起和沉降，频率面越小，它们相对于海平面的高度或深度越大，由此得到的频率分布将近似于高斯误差曲线（粗略地说，其过程大致是图 4-2 中的虚线曲线所显示的那样）。因此，应该只有一个最大频率的峰值对应于平均地壳（-2 450 米）的分布范围。但我们观察到的峰值是两个，其曲线大致与误差律相似。由此我们可以得出结论，地球外壳以前存在着两个原始水平面。当我们提到大陆和海洋时，就意味着我们要处理两个不同的地壳层。形象地说，地壳表层就像水和水面上漂浮的冰块一样。图 4-3 就是根据这一新概念显示出的一个大陆边缘的垂直剖面图。

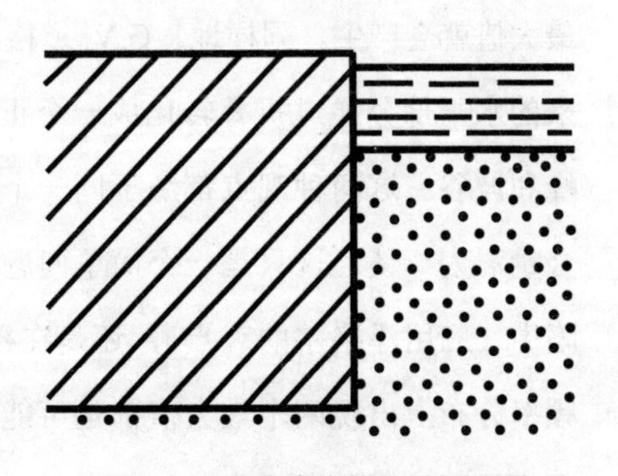

图 4-3　大陆边缘的垂直剖面图

我们对大洋底和大陆板块之间的关系，首次取得了合理的解释。

1878年，A. 海姆在谈到这个问题时说："那么，直到做出与史前大陆位移相关的更精确的观测时……直到我们对补偿性压缩程度拥有更完整的数据，并能够解释大多数山脉的形成之前，很难期待在认识山脉和大陆的因果关系以及后者的形状之间的因果关系等方面，会有任何真正可靠的进展。"

越来越多的深海探测表明这一问题的研究变得更加迫切：在广阔而平坦的洋底和大陆区域存在着明显的对比，二者同样平坦，却有着约5千米的高度差。1918年E. 凯瑟（E.Kayser）写道："与这些巨大岩石地层（大陆块）的体积相比，大陆所有的上冲断层都是渺小和微不足道的，甚至像喜马拉雅山这样高耸的山脉，也仅仅是地球支撑基座表面上的微小皱纹。这个独一无二的事实使一个老旧的观点，即哪座山脉可以代表大陆的基本框架，似乎已站不住脚了……相反，我们应该这样假设，即大陆是较早的、决定性的构造，而山脉则是附属的并且是最近形成的。"

用漂移理论解决这个问题是如此简单和明显，以至于人们几乎无法相信它会引发异议。然而，该理论的反对者试图用其他方法来解释双峰的水平频率分布，但所有这些尝试都失败了。W. 泽格尔（W.Soergel）认为，从一个给定的水平面开始，如果一部分上升则另一部分降低，那么，中间部分会因两侧倾斜而大大减少，对应着隆起和凹陷部分的两个频率最大值就会产生。同样地，G.V. 道格拉斯和A.V. 道格拉斯认为，如果原来的水平部分通过折叠转化成一个正弦表面，应形成两个最大值，即波峰和波谷。这两种观点都源于同一个根本性错误，即将个别过程与统计合量混为一谈。这只是一个简单问题，无论是在一系列无限的隆起和凹陷中（应用泽格尔的观点），还是在褶皱中（应用道格拉斯的观点），在频率分布上出现两个最大值都是可能的，因为各个水平面的数值是随意变化的。然而，情况并非如此。对于隆起沉降、褶皱抬升，我们只确信一条定律：其程度越大，频率越小。因此，最大频率总是降至原有水平，而高于或低于原始水平频率的，必须粗略地减少到与高斯误差函数一致。

在此，应该提及其他研究者，特别是特拉贝尔特，他提出了新的观点：冰冷的海水使岩石层强化冷却而形成洋底。这一观点来自特拉贝尔特自己的计算，他不得不假设洋底的冷却延伸到地球的中心。由于此观点不能被接受，他的计算也因为无法证明这个假设反而受到驳斥。此外，通过他的方法，人们能推断出一个普遍的趋势，即已经存在于地球表面的凹陷会变得更深。但人们不能用它来解释几乎相同深度上每个洋底位于海洋的位置，也就是频率分布图上第二个高峰的轮廓。这一点最近由F. 南森（F.Nansen）着重提出。当然，这一解释起源于费伊（Faye），只是如今越来越鲜有提及，尤其是自地壳中发现镭元素以来，地球热平衡的评估基础彻底改变了。

不过我必须立即提醒大家的是，不要将洋底的性质这一概念过于夸大。我们知道，冰山之上可以再覆盖新冰，海水之上也可以覆盖小的冰山碎片，冰缘上端脱落或从水中浮升出来的冰山底部仍然会漂浮在海水表面。类似的情况也会发生在洋底。岛屿通常是大陆的大碎片，其根基延伸到约 50 千米深的海底（重力测量使这一假设成为可能）。此外，大陆块的易碎性，在一定的深度时就变成可塑性，宛如面团。这就意味着，当陆块分离时（其厚度相应地减少），可依此方式在或窄小或宽阔的海底通过。从某种意义上说，大西洋底必须被视为特别“不均匀”，这是由于它纵向横贯大西洋中脊，但其他海盆也有类似的结构，伴有岛弧和海底浅滩。在关于洋底的章节中，我们将进一步深入研究这一细节。

这一切并非不可想象，随着研究的发展，在此提出的研究模型可能仅代表主要特征，如果要描述真正的情形的话，新的难题也将随之而来。当使用由美国人制造的第一回声测深仪对大西洋北部进行探测时，我发现该地区的主峰频率分布在水深 5 000 米的地方，而次峰在水深 4 400 米的探测处即可测到。另一个最大值显示为多层结构，根据德国流星探险队的探测资料，仅可能判断它的实体，我们尚未为此目的去检验这些探测资料。

那么问题出现了，即大陆板块与大洋盆地之间的根本区别是什么？大陆的水平位移是否与地球物理学的其他结果一致？相应地，地球物理学是否可以为这些概念提供佐证？

地壳均衡说与漂移理论的整体概念具有一致性，但通过地壳均衡说并不能直接证明漂移理论的正确性。我们将在下文中更严密地审视所有观点。

地壳均衡说的物理学基础来自引力测量。该理论起源于普拉特（Pratt），而这个术语由达顿（Dutton）在 1892 年创造出来。1855 年，普拉特发现喜马拉雅山脉在铅垂线上没有产生预期的引力。据考斯马特考察，该铅垂线偏差的偏北分量是在恒河平原的卡利阿纳距山脚 56 英里的地方，只有 1 角秒的偏离，而山脉的引力会导致 58 角秒的偏转。同样，在杰尔拜古里的偏转度仅为 1 角秒，而不是 77 角秒。按照这一举世公认的事实，

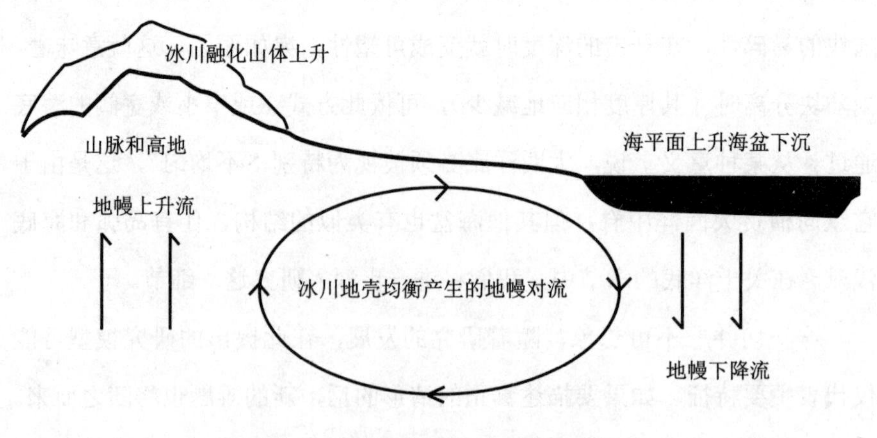

图 4-4　冰川地壳均衡产生的地幔对流

高大山脉的引力场强度从常规值到预期值并无差异，山体似乎在通过一些地表下的质量亏损进行补偿。这已被艾里（Airy）、费伊、赫尔默特（Helmert）和其他人的考察工作证实。考斯马特在其富有启发性的评论中也讨论了这一问题。尽管存在着以海洋盆地为代表的大规模的质量亏损，海洋表面测量出的引力仍然拥有正常强度。研究者对于岛屿上的早期测量有着各种解读，当赫克（Hecker）遵循摩恩（Mohn）的建议，通过一只水银气压表和一个测高计在船上进行重力测定时，人们疑窦全消。不久前，荷兰大地测量学家韦宁－曼尼斯（Vening-Meinesz）成功地利用更精确的钟摆法在潜艇上开展测量。他第一次测量的结果完全证实了赫克的结论。从广义上讲，地壳均衡的条件也适用于海洋。因此，盆地表面质量的亏损会被地下质量的盈余补偿。

随着时间的推移，人们对地下质量亏损或质量盈余的性质提出了不同的猜想。普拉特认为地壳像是一个面团，起初它在所有地方的厚度都是一样的，但在大陆地区，它因某种释放过程被抬升，在海洋区域则被压缩。根据普拉特的观点，在海平面以上，海拔越高，地壳的密度越小，但低于所谓的均衡水平（海平面以下约 120 千米）时，所有的水平密度差异消失。

赫尔默特和海福特（Hayford）对此做了详尽阐述，并将它作为评估地球引力的通用方法。目前，W. 鲍伊是这一理论的主要代表人物。他利用下面的实验来解释这个方法：将一些棱镜漂浮在水银中，这些棱镜由不同密度的材料组成，如铜、铁、锌、硫铁矿等；棱镜高度一致，并被浸在相同深度；它们有共同的底部表面，都处于平衡状态。因它们密度不等，棱镜在汞半月板之上映射出不同的高度，密度最大的物质投影最小，密度最小的则投影最大。通过以上实验观察到的事实对引力数据的解释有所支持，即地壳的物质密度越低，海拔则越高。然而，密度的差异只能延伸到一定深度并达到平衡水平，这一观念包含着一个物理学意义上的不可能性，最好通过鲍伊的实验研究去阐述。对底面处在同一深度的不同棱镜而言，它们的高度必须由明确的比例来支撑，这就是它们的密度比率。如果我们把地壳分割为不同材质的棱镜，相同材质的棱镜要时时处处在一起，其材质具有相当明确的厚度，以支撑它们与其他材质的棱镜厚度的精确关系。这种关系一旦建立，对所有棱镜来说都是其密度的基础。然而，材质（密度）和厚度之间的关联性有一个不易察觉的自然原因，这将导致所有棱镜常数的基础水平变得随意和混乱。

最近，许多大地测量学家，如 W. 施韦达尔（W.Schweydar），特别是 W. 海斯凯恩（W.Heiskanen），开始利用另一个模型来解释引力数据。该模型早在 1859 年由艾里引入（图 4-5）。或许是海姆第一个提出这个假设：山脉下的低密度地壳增厚，而浮在上面的高密度岩浆被推到这些地区的更深处；相反，处于深部低洼地区之下的低密度地壳，如海洋盆地，一定超薄。这里的假设只涉及两种材质，一个是轻地壳，一个是重岩浆。鲍伊通过一个与上述实验类似的实验解释了这个概念：他将许多不同高

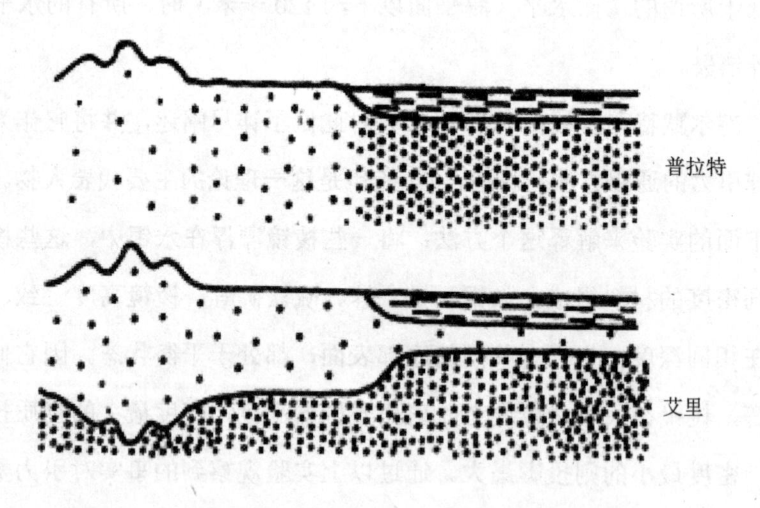

图 4-5　地壳均衡说的表现（据普拉特和艾里的观点绘）

度但材质相同（铜）的棱镜放入水银中。显然，它们都下沉到不同的水平线：最长的棱镜底端沉在最大深度，顶端处在最小深度。人们经常强调，艾里的观点比普拉特的地壳地质图更切合实际，特别是针对强力压缩构成褶皱山脉的这一情况。但艾里的概念也有遗漏，即对于地球轮廓上双峰频率分布的成因解释不明，也未揭示出为何轻的地壳会变成两个厚度不同的块体——厚大陆块和薄大洋块。

正确的解释可能是这两个概念的融合：以山脉的情况看，我们要做的基本上是增厚轻的大陆壳，这是艾里的概念；但当我们考虑从大陆块到海底的过渡时，它就是一个材质差异的问题，这是普拉特的看法。

近来，地壳均衡说的发展主要是处理其有效性范围的问题。对较大的板块而言，例如，整个大陆或整个洋底，地壳均衡说必须被无条件接受；但对于小块体，如个别山脉，该原则就失去了有效性。这样的小块体可以由整个块体的弹性支撑，就像一块石头放在一块浮冰上一样。接下来浮冰和岩石作为一个整体，地壳均衡说在它们和海水之间开始起作用。因而关于地质构造的引力值显示出如下情形：如果陆块直径达数百千米时，几乎很少显示地壳均衡说的任何偏差；如果陆块直径仅为几十千米，通常引力值仅有部分需要修正；如果陆块直径仅为几千米，则出现很大偏差。

不论一个人的观点是基于普拉特的理念，还是基于艾里和海斯凯恩的理念，海洋重力测量都发现，无任何迹象表明海洋盆地有巨大和可见的质量亏损，它仍然导致这一结论，即海底是由密集的、比大陆块还重的物质构成的。应用重力测量法很难令人信服，并且很难证明更大的密度量是源于物理状态的差异还是材质的差异。当然，基于合理前提的粗略计算则使其成为可能。

然而，对于判断大陆是否可以水平漂移的问题，地壳均衡说提供了一个直接标准。我们在上面已经提到了均衡说的平衡运动，最好的例子是斯堪的纳维亚岛的隆起，它仍在以每世纪 1 米的速度继续上升，这可以被视为 10 000 多年前内陆冰盖融化移除的后果。尤其是因为在冰川最后消失的地方，正是今天可以看到的最大上升处。威廷（Witting）根据鲍恩的研究所绘制的图，非常明确地展现了这一点。

鲍恩已表明，这一隆起地区呈现出某个异常情况，即在该区域引力场太弱，即使观察资料贫乏，但还是能得出这一结论。事实上，如果地

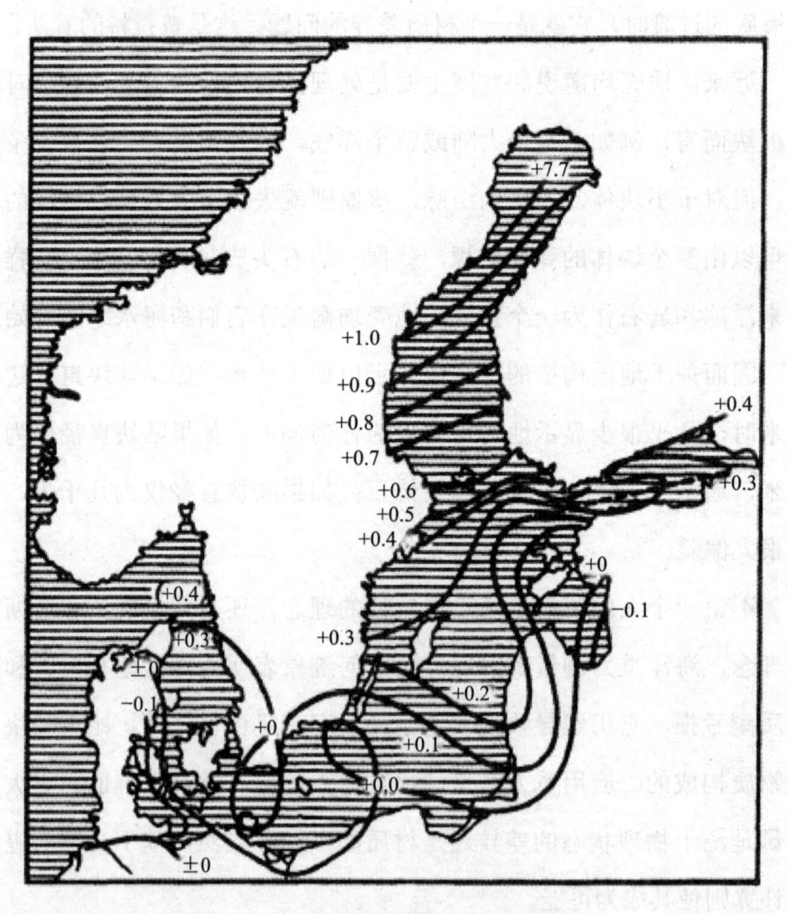

图 4–6　今日波罗的海地区的隆起图

［威廷据鲍恩的研究绘，数值由验潮仪测量得出（厘米 / 年）］

壳仍然低于其平衡水平面，情况就是如此。针对与斯堪的纳维亚岛隆起有关的现象，南森提供了一个特别详尽的描述。从翁厄曼兰海岸的高水位痕迹看，最大的下沉幅度达 284 米，内陆最大的下沉幅度可能是 300 米。这一隆起大约从 15 000 年前缓慢开始，7 000 年前达到其最高速率——10 年内隆起 1 米，目前则处于衰退期。中央冰层厚度约为 2 300 米。如此巨大区域的地壳垂直运动显然已在基板上建立了流动，因此被排挤的物质向外四溢。这些情况几乎同时由鲍恩、南森、A. 彭克和 W. 柯本的发现证实：内陆冰盖的凹陷区被一个隆起已减少的环形区域包围着，隆起的原因恰恰是基底中被排挤到四周的物质。无论如何，整个均衡说所依赖的观点是，地壳下层具有一定的流动性。若果真如此，大陆板块就真的漂浮在一种流体上，但即使是一种非常黏稠的流体，也显然无法解释为什么它们只发生垂直运动而不是水平运动。因此，只能假设有一种可以取代大陆的力量，这些力量具备持续到地质时代的趋势。这种力量的确存在，这一点已由造山挤压力证实。

对我们最重要的是地震研究的最新成果，B. 古登堡在几个地方收集到了方便调查的资料。

关于地震波，大家都知道，纵向（初始）P 波和横向（二次）S 波穿越地球内部（“预备”波），同时面波 L 波（“主要”波）穿越地球表层。地震监测记录站距离震中越远，到达这里的 P 波和 S 波的穿透深度就越大。依据从震颤开始和地震波到达记录站的时间差（传输时间），人们可以测定不同深度的地震传播速度。这个速度涉及材料的属性，因此，它可以提供关于地球内部地层结构的信息。

已有数据显示了以下这一情况。在欧亚大陆和北美洲大陆块之下，有一个厚度为 50 ~ 60 千米的突出的边界层，那里的纵波速度从 5.75 千米 / 秒（界面以上）跃至 8 千米 / 秒（界面以下），横波速度则从 3.33 千米 / 秒

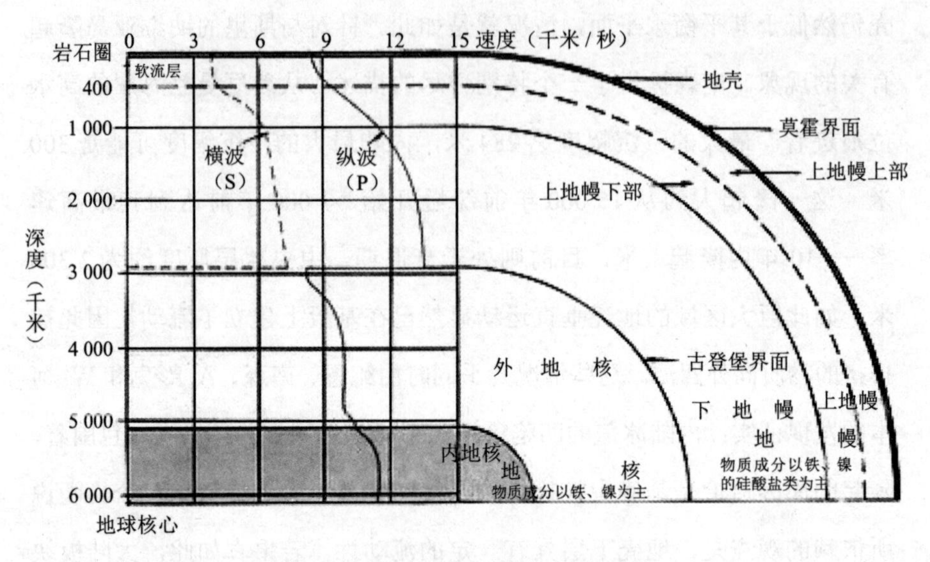

图 4-7　地震波速度与地球内部构造

（界面以上）跃至 4.4 千米 / 秒（界面以下）。到现在为止，大家普遍认为这个边界层是大陆块的底面，正如块体深度和厚度值之间的对应关系所暗示的那样，它源于海斯凯恩的引力测定。（依据普拉特的理论，陆块厚度在 100 ～ 120 千米时，厚度越大地震波抵达越快，艾里的理论则给出了几乎相同的地震学结果。这对艾里的观点很有利，且在其他方面也有很多可支撑其观点的证据。）但是以上例子表明，这种解释无法再坚持下去了，大陆块体厚度现在必须被认为大约只有原数值的一半，所描述的边界层对应的是一个底层的额外分支。然而，这个边界层完全消失于太平洋下。在这个地区，人们甚至发现，表层地震波的速度几乎等于上面边界层的地震波速，例如，7 千米 / 秒的纵波和 3.8 千米 / 秒的横波（而对于大陆表层，这些数字分别为 5.75 千米 / 秒和 3.33 千米 / 秒）。对于这些数字只有一个可能的解释，即最上层向下延伸到陆表以下 60 千米的深度，这在太平洋地区是不存在的。

正如我们所预料的那样，面波速度也有一个给定的物理常数，会展现出相应的洋底和陆块的数值差异。既然它是由五个不同的研究人员独立确定的，今天我们就可以把这看作一个既定的事实。1921 年，E. 塔姆斯（E.Tams）发现了面波速度，并从特别清晰的记录中挑选出了如下数据：

表 4-2　海洋底与大陆地震波速度对比

海洋底			
地震发生地	时间	速度（千米 / 秒）	次数
加利福尼亚	1906年4月18日	3.847±0.045	9
哥伦比亚	1906年1月31日	3.806±0.046	18
洪都拉斯	1907年7月1日	3.941±0.022	20
尼加拉瓜	1907年12月30日	3.916±0.029	22
大陆			
地震发生地	时间	速度（千米 / 秒）	次数
加利福尼亚	1906年4月18日	3.770±0.104	5
菲律宾群岛Ⅰ	1907年4月18日	3.765±0.045	30
菲律宾群岛Ⅱ	1907年4月18日	3.768±0.054	27
布哈拉Ⅰ	1907年10月21日	3.837±0.065	19
布哈拉Ⅱ	1907年10月27日	3.760±0.069	11

虽然单个数值有时互相交叉，但就平均数值而言，仍存在一个显著差异：贯穿洋底的面波传播速度约 0.1 千米 / 秒，高于穿越大陆的速度，这与从火山岩（深成岩）的物理特性中所得出的预期理论值一致。

E. 塔姆斯也试图结合许多地震观测数据，尽可能地得到一个平均速度。从 38 次太平洋地震的速度值中，他获得的平均速度值为 3.897±0.028 千米 / 秒；从 45 次欧亚大陆或美洲地震的速度值中，得到的平均速度值为 3.801±0.029 千米 / 秒。这些都与上面给出的数值相同。

另一位研究者 G. 安根海斯特（G.Angenheister）在 1921 年调查了

一些太平洋地震中海洋盆地与大陆板块之间的地震差异，同时，他也关注到了面波。他对两种类型的地震波即横波和瑞利波进行了区分，但未像塔姆斯那样单独处理，因而他发现了相当大的差异（当然，其研究结果基于很少的数据）:“L 波波速在太平洋底比在亚洲大陆底要高 21% ～ 26%。”他还发现了其他类型地震波的特征差异:“在太平洋下，P 波和 S 波的传输时间与在欧洲大陆的传输时间的时差分别是 13 秒和 25 秒，稍快于在欧洲大陆的传输速度。这相当于在海洋下面 S 波的波速增加了 18%……地震波衰亡周期也是太平洋比亚洲大陆长一些。”所有这些分歧点一致地指向我们的理论，即海底由另一类型的致密材料组成。

S.W. 维瑟也得到了关于面波的同一结论。他发现的速度是：在大陆地区为 3.7 千米 / 秒，在海洋区域为 3.78 千米 / 秒。

P. 拜尔利（P.Byerly）在 1925 年 6 月 28 日的蒙大拿地震中，也同样发现了类似的面波速度差异。

最后，古登堡通过另一种方法证实了这一结果。他利用的是那些横波（即发生在瑞利波之前的表面波，它们通常难以区别）在地表中的传播。这些地震波的速度首先取决于它们的波长或周期，还取决于它们经过的地壳最上层的厚度。不但是地震波传输时间（速度），而且地震周期也可从地震图中推断出来，那么，地壳的厚度就可以被推测出来。这种测量的结果总是相当不准确的，因此不同时期大量发生的地震数据用于同一区域，只是为了得出关于地壳厚度的结论。图 4-8 给出了古登堡关于三个地区的结果：a 欧亚大陆，b 主导地震波所穿越的大西洋底板块，c 太平洋底板块。横坐标是时间，纵坐标是波速。如果测量无误，所有的点都必须位列于曲线上，其在图中的位置取决于地壳厚度。在 a 处和 b 处有三条地壳厚度为 30 千米、60 千米和 120 千米的理论曲线；在 c 处有几条曲线，其地壳厚度为 0。古登堡认为，对于欧亚大陆，那些点最适合

60 千米地壳的曲线；对于占主导地位的大西洋底板块区域，适合 30 千米的曲线；但对于太平洋板块，适合厚度为 0 的曲线。这些曲线散布很广，因此这个方法不是很精确。但是，这个结果后来得到古登堡的进一步证实。他主要引证的一点是，本次调查未涉及太平洋上层，而主要是横跨大西洋的地震波路径部分地通过海洋地区和大陆地区，因此平均地壳厚

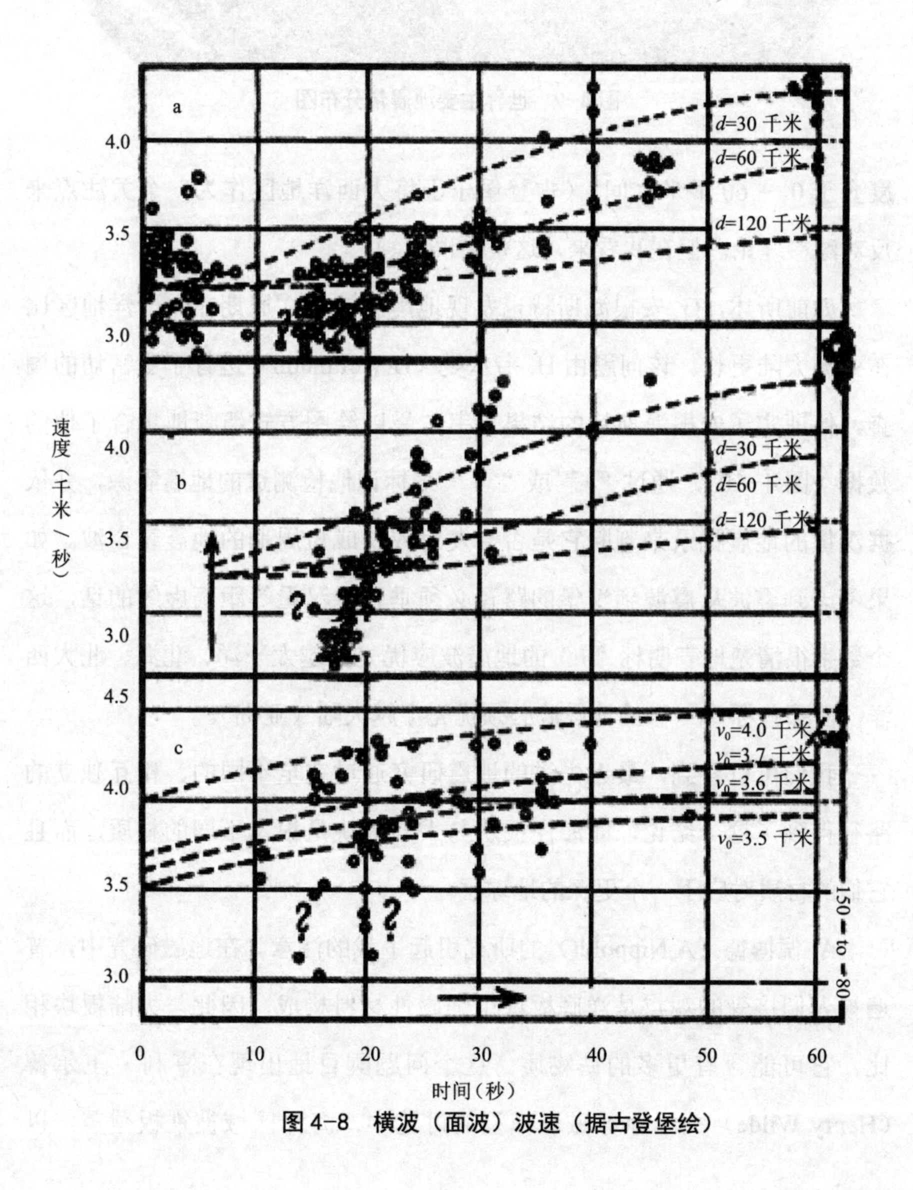

图 4-8　横波（面波）波速（据古登堡绘）

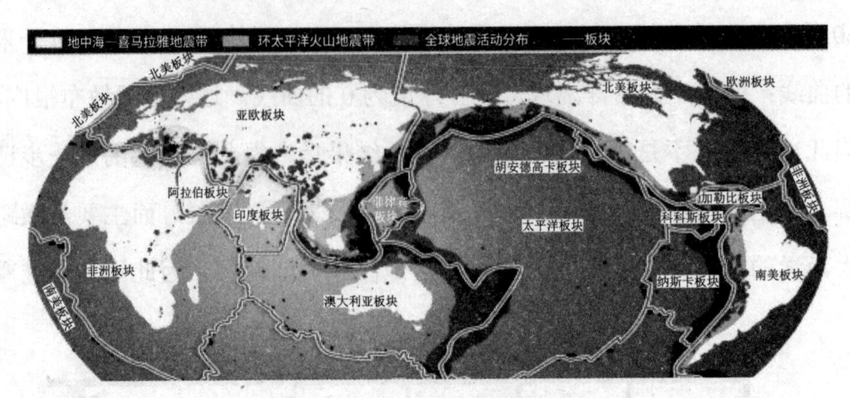

图 4-9 世界主要地震带分布图

度介于 0 ～ 60 千米之间。（古登堡乐于将大西洋地区作为一个关注点来反对漂移理论。但在我看来，这是错误的。）

如前所述，G. 安根海斯特也发现地震波的衰亡周期在太平洋地区比在亚洲大陆更长。该问题由 H. 韦尔曼（H.Wellmann）进行了更密切的调查，他证实了安根海斯特的结果。韦尔曼以绘图方式清晰地集合了他的数据（图 4-10），通过“+”或“·”来标识他检测过的地震震源，并依据汉堡的地震记录来判断它是否会发射或长或短周期的地震衰亡波。如果考虑到震波从震源到汉堡的路径必须垂直于汉堡等距离虚线的话，这个数字很清楚地表明标“+”的地震波应优先穿越太平洋、北海、北大西洋，而那些标“·”的地震波必须优先穿越大陆（亚洲）。

我们可以看到，最近先进的地震研究通过完全不同的、相互独立的路径得到了这一结论，即海洋板块与大陆板块是根本不同的材质，而且它们的材质对应于一个更深的地球层。

A. 倪博德（A.Nippoldt）的研究引起了我的注意。在地磁研究中，普遍被人们接受的观点是洋底板块由强磁性材料构成，因此与大陆板块相比，它可能含有更多的铁物质。这个问题醒目地出现在亨利·王尔德（Henry Wilde）关于地球磁场模型的讨论中：海洋区域被铁板覆盖，以

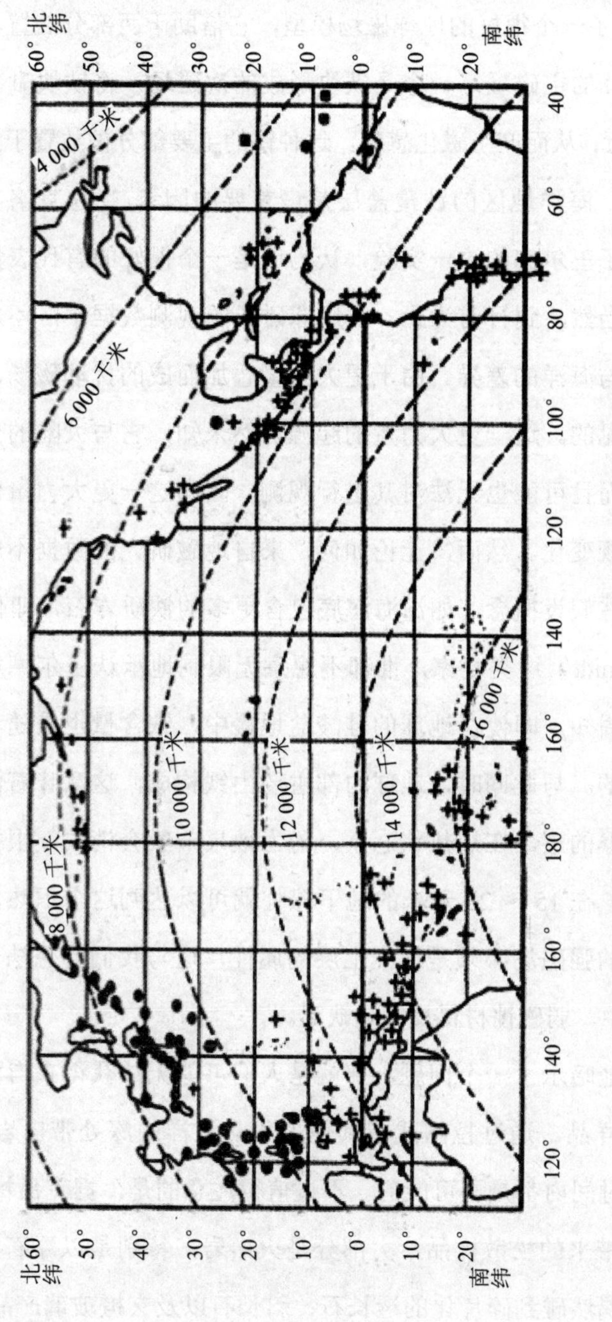

图 4-10 震源、地震衰亡波的长（+）、短（•）周期在汉堡的记录（据韦尔曼绘）

获得对应于地球的磁场分布。吕克尔（A.W.Rücker）对本实验描述如下：“王尔德制作了一个很好的地球磁场模型，它借助于两部分装置，一个是均匀磁化球体的主磁场，一个是铁块形成的次磁场，将铁块毗邻放置在球体表面附近，从而产生磁化感应。这种铁的主要部分被放置于海洋……王尔德认为，海洋地区的铁覆盖层是最重要的因素。”拉克洛（Raclot）最近也证实了王尔德的这一实验，认为这是一个很好的有代表性的地球磁场模式。当然，到目前为止，从地球磁场的观测数据中，还未成功地计算出大陆与海洋的差异。由于更大力量叠加而成的扰动磁场，计算失败是显而易见的。这一更大力量的起源仍然未知，它与大陆的分布也不具关联性；而且可能也无法对其进行观测，因为这一更大力量似乎遵循着巨大的常规变化。然而，无论如何，来自地磁研究的数据不应以任何方式反驳一些假设概念，如深海海底包含更多的铁质岩石，即使是J.施密特（J.Schmidt）这类专家，谁都不愿意无限制地承认王尔德实验的有效性。众所周知，即使在地球的硅酸盐地幔中，铁含量也是随着深度的增加而增多的。与此同时，地球内部主要由铁构成，这意味着海底是一个比大陆更厚的层。在炽热状态下，磁力效果一般会消失，根据普通的地热增温率，在15～20千米的地下深处就可以达到这个炽热温度。因此大洋板块的强磁场必须是地壳上层的属性，这与我们的想法一致：在这样的地层中，弱磁性材料反而越缺乏。

这有力地暗示了一个问题，那就是人们可能无法获得来自海底深层的岩石试验样品。通过拉网式或其他方式从这样的深处带出岩石样品，在很长一段时间内都是不可能的。不过值得注意的是，据克吕梅尔所言，以疏浚方式带来的松散样品，大部分是火山岩，特别是以浮石居多……然后人们会偶然碰到碎片化的透长石、斜长石以及玄橙玻璃产品，同时，还有片段状的熔岩（如玄武岩、辉石、安山岩等）。现在，火山岩实际上是依靠更高的密度和铁含量予以区分，通常被认为来自深埋层。休斯称这整组岩石为硅镁层，即 Sima，名称取自代表其主要成分硅（Silicon）和镁（Magnesium）的初始双字母，其主要代表是玄武岩；相比之下，另一个（富硅）岩石组群被称为硅铝层，即 Sal，名称取自硅（Silicon）和铝（Aluminium）的首字母，其主要代表是片麻岩和花岗岩形成的大陆底层。〔这种细分方式可以追溯到罗伯特·本生，他将非沉积岩划分为普通粗面（富硅岩）和普通辉石（基性岩）。但恰恰是休斯创造了这样方便的名字。〕我在和普费弗（Pfeffer）通信后，决定将 Sal 改为 Sial，以避免与拉丁语“盐”（Salt）混淆。根据前文，读者可能已经得出了结论：硅镁序列的岩石本来处于大陆地块下，构成深海海底，而在硅铝大陆地块上，我们只能将其作为火成岩接触到，在此处它们表现为异体。看来，玄武岩具有的性质才是洋底材料所需的。

同时，由什么材料构成地壳层的问题已成为近年来许多学科的研究焦点，部分来自岩相学和地球化学，部分来自地震学。现在，这个问题仍在继续研究，甚至不同的研究者对部分问题的意见仍未达到一致。因此，我们更喜欢把有时大相径庭的结果列成一个简短的调查，而不采用我们自己的任何特别的观点。

首先，我们一般的出发点是这样，假设一个厚度约 1 200 千米的硅镁层处于大陆硅铝层下，这一地层由片麻岩、花岗岩构成，而这一硅镁层就是地幔。地幔之下是个夹层，下降至 2 900 千米，就到达了基本上由镍、铁构成的地核。紧随夹层之后的底层，可能是由铁陨石（橄榄陨铁）构成的，它具有与陨石材料相似的序列；或者，想象它是铸造生产过程的结果，是黄铁矿和其他矿物（如矿渣）。这些都是地球的主要地层。关于硅镁层是否由单一材料构成或是否应进一步细分的问题，人们已经用不同方式做出回答。V.M. 戈尔德施密特（V.M. Goldschmidt）宣称榴辉岩是硅镁材料的典型代表；威廉森（Williamson）和亚当斯（Adams）则提出，橄榄岩或辉石岩以及其他纯橄榄岩才具有典型性。无论如何，大量的硅镁层必须是一类非常基性的或“超基性”的岩石，比玄武岩更具有基性，因此，玄武岩最有可能是硅镁层的顶层。大量的论文和一些出版书籍都讨论了这些问题，如H. 杰弗里斯（H.Jeffreys）、R.A. 达利（R.A.Daly）、莫霍洛维奇（Mohorovičić）、J. 乔利（J.Joly）、A. 福尔摩斯（A.Holmes）、J.H.J. 普尔（J.H.J.Poole）、B. 古登堡、F. 南森等。特别值得一提的是，达利的著作（《移动的地球》）完全以漂移理论为基础；乔利的著作（《地表的历史》）则攻击了漂移理论，但事实上，这本书在放射性热量生成方面提供了重要的新证据。

显然，所有的研究者都认为在大陆地块的花岗岩之下是玄武岩。然而，对于这两种材料之间的边界层，大多数研究人员不再采用由地震学推论出的该层深度为60千米这一数据，而假设其深度是30～40千米。不再采用60千米这一推论数据，主要是因为这种深度的地层可能包含太多的镭，会产生太多的热量。超基性材料（纯橄榄岩等）地层则起始于

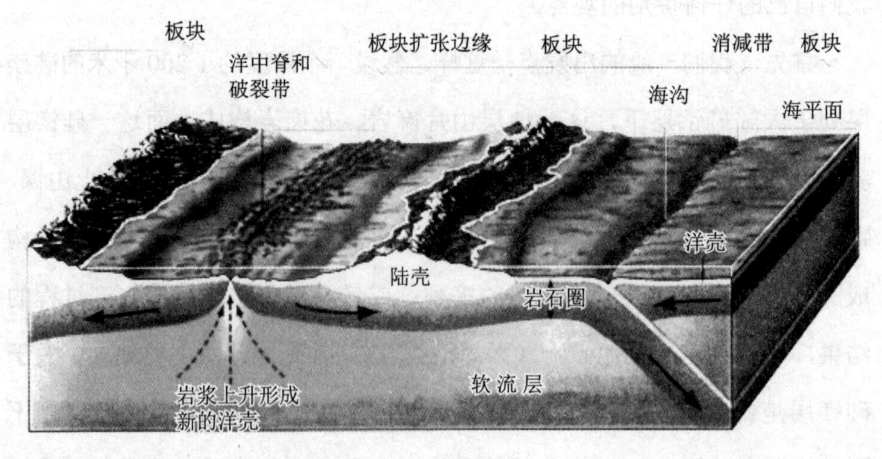

图 4-11　岩石圈

60千米深的地方。此外，莫霍洛维奇特别强调，60千米边界层在山地和平原的径向位置没有显示变化。花岗岩和玄武岩之间的边界更靠近地壳外表面，事实也是如此。因此，问题就出现了：在此情况下，人们是否应该把30～40千米深度的花岗岩层当作低于大陆板块的极限而替代此前60千米的大边界层？另一方面，人们对后一边界层在海洋中如何呈现，仍未做出解释。古登堡假定，大边界层在60千米的深度形成亚太平洋面，因此，这里的超基性材料也会出现，如露头岩石。然而，莫霍洛维奇认为洋底是由玄武岩构成的。

在有可能构建一个最终的地层结构图之前，我们将不得不在这些调查中等待进一步的发展。然而，只要涉及大洋底层的性质，这种增加的地层就很可能提出新难题，这一迹象已经出现在另一个关联点中。

然而，不论各种观点如何发展，结论已经很清楚：它们与漂移理论沿着同一路径取得进展，因为大洋板块和大陆板块之间的根本差异不再被否认；对漂移理论而言这就是全部，不管大洋底层是由玄武岩构成的还是由各处的超基性材料构成的。在任何情况下（除了一些残余），花岗岩覆盖的大陆板块在大洋底层都是缺乏的。

对于漂移理论的一个常见的反对意见是：地球像钢铁一样坚固，因此大陆不能移动。事实上，对固体地球的地震、极地波动和潮汐变形的研究都得到了相同的结果：大陆移动的速度受到一个给定力的影响，不能依赖硅镁层的可塑性（刚度），但可以依赖另一个，即材料的独立特性——“内摩擦”或“黏度”，或者也可依赖其相互的“流动性”。不幸的是，黏度确实不能从可塑性推断出来，而必须通过特殊实验来确定。对固体黏度的测量是非常困难的。即使在实验室里，所应用的也是测量弹性振动的阻尼、弯曲或扭转的变形率，或测量所谓的弛豫时间（即系统的某种变量由暂态趋于某种定态所需要的时间），这样的测量只能在很苛刻的物质条件下开展。很不幸，在那时，厘清地球的黏度系数几乎是一个毫无希望的任务。可以肯定的是，最近已经有各种各样的尝试去估算地球的黏度系数，部分依靠整体平均值，部分依赖某些地层，但这些结果相差如此之大，以至于我们对该问题依然完全无解。

可以肯定地说，当地震波等短期力量起作用时，地球表现为一个坚实的、有弹性的物体，在此没有塑性流动的问题。然而，在地质年代所施加的力量下，地球必须表现为一个流体。例如，事实表明，地球的扁率完全对应其旋转周期。但在时间临界点，弹性变形合并成流动现象，这精确地取决于黏度系数。

在对月球脱离地球这一问题的调查中，达尔文假设潮汐力作用 12 小时或 24 小时引起流动变形，这一假设已被许多人应用。然而，在最近的一次调查中，A. 普雷（A.Prey）得出结论，即使在今天，达尔文的假设也并不意味着地壳可能是由于潮汐摩擦力而明显向西位移。5 000 万～6 000 万年前，地球的黏度系数可能仍然保持着相对较低的数值，约为 10^{13}（大约和冰川时期的黏度系数相同）。根据普雷的观点，在那时地壳大位移会因此而发生，此后，黏度系数增大，而这种位移在现在则是不可能的。在此应该注意，达尔文尚未考虑地壳中的镭含量。普雷假定了一个渐进的冷却过程，也忽略了镭的存在。尽管如此，如今我们关于镭的含量和地质事实的知识量，会导致我们非常怀疑地质时期的时长是否被估算得过长了。抛开地球波动来说，地球黏度系数是否以系统方式明显地改变了？

地质学家们经常认为在固体的地壳下面有一个岩浆层，维歇特（Wiechert）同样认为，这样一个适当的流体层也许能用以解释某些地震图中的奇特现象。施韦达尔基于可测量到的地球潮汐反对维歇特的这个观点。如果事实上流动性对这些潮汐运动贡献明显的话，那么它们将滞后于太阳和月亮的周期性。然而，由于时间滞后这一点未被观察到，潮汐运动量就一定是个有关弹性的函数，而非有关塑性或流体的函数。因此，观测误差的幅度至少提供了黏度系数的极限值，所假定的地层的厚度不同，极限值自然不同。这是因为，一个低黏度薄层如同一个高黏度厚层一样，给出了相同的位移。施韦达尔由此认定，当黏度系数必须大于 10^9 时，我们所讨论的地层只有 100 千米厚，如果黏度系数超过 10^{13} 或 10^{14}，那么地层是 600 千米厚。这自然是一种基本假设，该地层是一个连贯体，且覆盖整个地球，而在地球的一些小区域或者部分独立的区域，可能具有相当大的可塑性。

1919 年，施韦达尔做了一项尝试，他在对地极位移的调查中测定了地球的黏度。施韦达尔主张的是地球黏度的高值。对于这些，他自己总结道："然而，人们必须承认，大陆在地极点施受力的影响下，会有一个向赤道位移的可能性。"稍后我们将讨论反极性驱动力导致这一计算结果的基本事实。

杰弗里斯仍然假定存在更高黏度的地层，但价值不大。据我所知，这是所有观点中最极端的一个。

而一些最新的意见则倾向于惊人的低黏度，虽然只对应一个相对较薄的地层。例如，B. 麦耶曼（B. Meyermann）从事实出发，借助最新的天文手段发现地球的旋转是不均匀的。"例如，1700 年，地表上的每一个点都向东移动 15 秒左右，1800 年向西移动 15 秒左右，1900 年约向东移动 10 秒，而 1924 年约向西移动 20 秒。但整个地球做这样的摆动是不可能的。既然地球是一个整体，那么经历这样的波动是不值得讨论的，但我认为这个迹象值得关注，即地壳相对于地核向西漂移……如果摩擦力增加，漂移则较少……如果摩擦力减少，则与之相反，地表相对于假定的地核来说向西移动。"根据麦耶曼的观点，既在地球磁场的组成部分中，又在一天时间的波动中，存在一个270年的周期性；他从地壳的一个完整循环中推论出这个令人惊讶的270年的短周期，并据此得出结论：如果流动性被限定在一个10千米厚的区域，该层的黏度系数则比0℃甘油的黏度高出21倍多。然而，麦耶曼的解释是否真的与事实一致，暂且无法确定。在这方面，M. 舒勒（M.Schuler）的一篇论文值得一提。他发现，极地内陆冰盖的扩大必然引起冰盖朝向旋转轴的质量运动，根据角动量守恒定律，地球自转会产生一个明显的加速度；相反，当冰川融化和质量输送发生在赤道方向，即远离地轴时，自转的减速也必然会发生。

无论如何，位于大陆块以下的地层黏度问题，与这些地层的温度是否超过熔点密切相关。虽然熔融的岩浆在非常高的压力下可能有非常高的黏度，从而表现得像固体物质一样坚固，但对于这种高压力下的这一现象，我们并不了解。所有赞成存在一个熔融流动层的研究者，都倾向于假设该层中的黏度小得难以形成大规模的位移或对流。对镭含量的思考，恰好使人们对该问题产生了相当新的观点。

图4–12给出了冯·沃尔夫（Von Wolff）代表性的地下0～120千米的温度分布。曲线*a*到*e*是用不同假定计算出的地壳镭含量。此外，两个熔点曲线*S*和*A*也被绘制出来。在这里，根据假定材料的不同得到了不同的曲线。*S*曲线对应着不同深度下可信的最低熔融温度。如图4–12所示的膝盖状温度曲线和斜坡状熔点曲线，在60～100千米的地下，有一个最佳熔化区，在此很可能有一个熔融层被限定在两个结晶层之间。

我们不自觉地要问，地震能否提供这个问题的答案？如果熔化状态暗示了一种低黏度或流动性，那么地震可以提供答案。但是在流体介质中，不会有任何的横波（如S波）的传播，所以地震不能提供答案。然而，现在普遍认为，将上述任何材料加热到熔点以上，熔化或熔解的物质就以无定形的玻璃状态（因此是固体）存在。不过，地震学在此给出

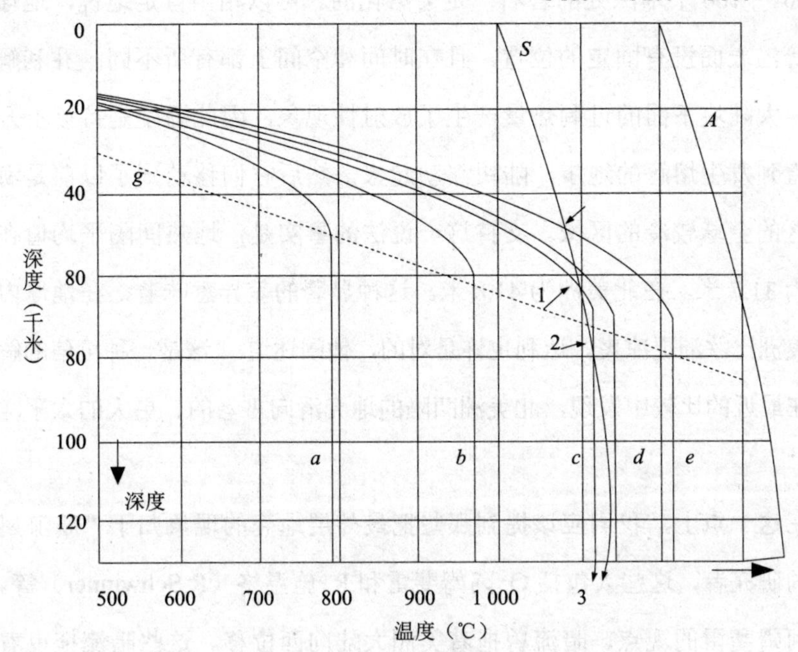

图 4-12　地下 0～120 千米的温度分布（*a* 到 *e*）和熔融温度（*S* 和 *A*）（据沃尔夫绘）[1]

了一个暗示：材料的弹性变形阻力会随着深度增加而增大，这种现象表现出不连续性，在约 70 千米的地下深度，甚至可能出现暂时的弹性变形阻力减少。像古登堡这样的学者解释了这一说法：所有这些深度的结晶状态都可能转换为无固定形状的玻璃状态。即使玻璃状态应被看作固体，并且是涉及短周期地震波的固体，但在地质年代尺度的作用下，它也表现出明显的流动性。

已确定的地质事实也需要加以考虑。H. 克洛斯（H.Cloos）描述了非洲南部罕见的大型“熔融花岗岩”。在地球的某些历史时期，花岗岩的熔融等温线已被降到局部地表以下，我们有更多的理由相信，在这样的时

[1] 原著图中无曲线 *f*。——译者注

代，60～100千米深处的岩石一定会熔化的。可以相当肯定地说，地球上的等温表面没有固定的位置，且在时间和空间上都有所不同。乔利解释说，大陆块下面的过剩热量产生了放射性现象，因此温度是持续上升的，直到发生熔解的地步，陆块浮动起来，然后它们移动到了以前是海洋地区的全球较冷的区域。支持这一说法的事实是，地热间隔平均值在欧洲为31.7米，在北美洲为41.8米。这种显著的差异意味着，在地球内部北美洲比欧洲更凉爽。达利也许是对的，他阐述道："这是一种可信的解释，在最近的比较中发现，北美洲凹陷的地壳滑向古老的、更大的太平洋盆地。"

在这一点上，我们应该提到那些把最外层地壳的现象归于"暗流属性"的研究者，这些人包括O.阿姆斐雷和R.施温格（R.Schwinner）等。根据阿姆斐雷的观点，暗流曾拖着美洲大陆向西位移。这些暗流拖曳着地壳向下移动，并使其在下移的区域受到压缩。施温格认为，流体层的对流电流是由热量不均匀输出引起的。在大陆块产生放射性过剩热量方面，G.基尔希（G.Kirsch）已广泛使用流体层中的对流电流理念。他假设大陆块在同一时间连接在一起，多余的热量就产生在它们下面（如非洲南部花岗岩的熔融过程），这导致流体基质的循环向海洋盆地流动，并由于热量损失增加而向下移动。与此同时，大陆中心地区崛起，大陆平台终于因摩擦力而破碎，碎片伴随着电流四散分离。基尔希认为，电流已达到惊人的高流动率，而在熔融层中呈现出对应的低黏度值。

所有这些观点表明一件事：因为在此领域仍然存在很多未知，所以我们对地球内部黏度系数的认知不应该过于教条，特别是其中的个别地层。虽然施韦达尔的结论基本上是不确定的，因为它们不排除间断的可能性，但是在地质史前的一定时期，是否有可能存在一个相对流体的连续层呢？即使这个流体层的想法不被认可，他的研究结论也非常有价值，有可能得到使得大陆漂移的黏度值。因此，漂移的可能性并不依赖于某些学者的终极正确性。最近他们也在倡导这个观点：在某些地区和某个时期有一个流体层存在于大陆板块之下。

综上所述，认为漂移理论与地球物理学的结果完美吻合的观点是多余的。事实上，它为大量有前景的新研究提供了新的起点。即使许多研究的细节在未来才能得以彻底揭示，但这些研究已经带来了重要的数据。

无论是直接地还是间接地，我们都可以举出许多其他地球物理学中的观测事实来支持漂移理论，但在本书的范围内不可能全面地讨论与这个问题有关的不同主题。许多其他的观测事实将在后面的章节中讨论。

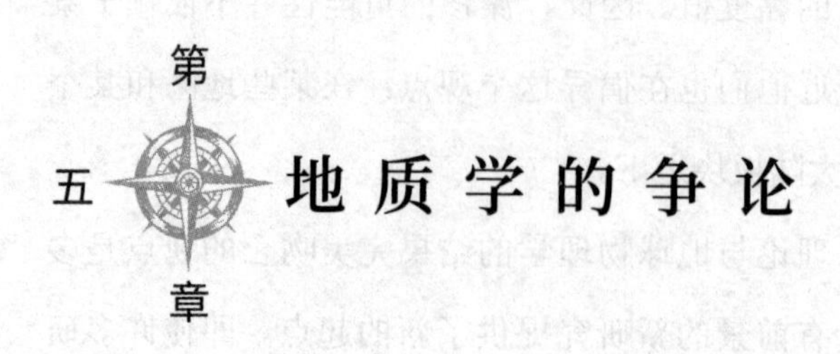

第五章 地质学的争论

大西洋两岸的地质构造很大程度上可以为我们的理论提供一个非常明确的参考证明。我们的理论认为，大西洋地区是一个巨大的宽阔的裂谷，其两岸边缘曾经直接相连。人们或许会认为许多褶皱山脉和其他地质构造在分裂之前就已经存在，这使得大西洋两岸的地质构造一致。事实上，大西洋两岸边缘部分表明了它们的初始状态：在初始地貌重构之前，它们本应该是直接相连的。大陆边缘轮廓明显，且不允许任何范围的偏差，因此重建本身一定要准确。这是我们用来评估漂移理论的一个独立的重要标准。

大西洋裂谷的南部最宽，这是其最早开始分裂的地方，此处宽度为 6 220 米。在圣罗克角和喀麦隆之间的裂隙宽度为 4 880 千米，在纽芬兰岛浅滩和大不列颠大陆架之间的裂隙宽度有 2 410 千米，在克斯科比峡湾和哈默费斯特之间的裂隙宽度仅有 1 300 千米，而在格陵兰岛东北部陆架边缘和斯匹次卑尔根之间只有 200 ～ 300 千米。最后的这个裂隙似乎发生在距今相对较近的时间内。

我们可以从大西洋南部边缘开始比较。在非洲南部，有一个显著的二叠纪东西走向的褶皱山脉，即斯瓦特山脉。在复原图中，这个山系向西延伸到了布宜诺斯艾利斯南部地区。根据地图来看，这里似乎没有任何特殊的标记。但非常有趣的是，凯德尔（Keidel）发现，在当地的山脉中，特别是褶皱更强烈的南部山脉，古老的褶皱在结构、岩石层次、化石数量等方面不仅和靠近安第斯褶皱山的圣胡安和门多萨西北三省的前科迪勒拉山脉完全相同，而且与紧靠安第斯褶皱的南非开普山脉一模一样。凯德尔说："在布宜诺斯艾利斯省的山中，特别是在南部范围内，我们发现了自然演进的河床，与南非开普山脉非常相像。其中至少有三处表现出强烈的一致性：后泥盆纪海进的低层砂岩、含化石的片岩以及上古生代的冰川砾岩……泥盆纪海进的沉积岩和冰川砾岩的强烈褶皱和开普山脉一样，褶皱运动的方向主要是向北的。"所有这一切表明，在这里有一个细长而古老的褶皱横贯非洲南部，然后在布宜诺斯艾利斯以南穿越南美洲，最后转向北方加入安第斯山脉。今天，这一褶皱的碎片被一个超过6 000千米宽的海洋分离。若把两处直接拼接起来，它们恰好吻合；而从圣罗克角到布宜诺斯艾利斯山地之间的距离和从喀麦隆到开普山脉的距离也正好相等，就像将一张名片撕裂的两半再拼凑起来一样。而非洲南部山系接近海岸时，锡德山脉又折向北方，这一点对它们之间的一致性并无妨碍。这个分支很快就消失了，并且具有了局部偏转的外观，这可能是由随后的断裂点产生的一些不连续性造成的。我们可以在欧洲更频繁地看到这样的分支，它们不仅处于石炭纪，而且也处于第三纪，但这并不妨碍我们也把这些褶皱综合为一个体系并归之于同一个原因。尽管最近的调查已经显示，非洲的褶皱系统似乎一直持续到现在，但这并不意味着存在地质年龄差异。凯德尔指出："在内华达山脉，冰川砾岩是目前最新的构造，多数是褶皱山脉；在开普山脉，冈瓦纳系列的基础底层（卡鲁地层）是埃卡世河床，这仍然显示出褶皱运动的迹象……因此，在这两个地区，主要的褶皱运动发生在二叠纪和下白垩纪之间。”

开普山脉和它们在布宜诺斯艾利斯山脉的延续性，为我们的观点提供了佐证，且这绝不是唯一的证据，沿大西洋海岸线我们可以找到许多其他的证据。非洲广阔的片麻岩高原的轮廓，即使在很长时间内未出现褶皱，也显示了与巴西惊人的相似之处。这种相似性并不只是泛泛而谈，它表现为火成岩之间和各地区沉积矿床之间的一致性以及原来褶皱方向的一致性。

H.A. 布劳沃（H.A.Brouwer）做了一个火成岩的比较。他发现有至少五个相似之处：①较老的花岗岩；②年轻的花岗岩；③富含碱金属的岩石；④侏罗纪火山岩和侵入岩；⑤金伯利岩、黄长煌斑岩；等等。

较老的花岗岩在巴西所谓“巴西复合体”中被发现，在非洲西南部的“基岩复合体”中被发现，也见于好望角海岬的“马姆斯伯里体系”中，还见于德兰士瓦和罗得西亚的“斯威士兰体系”中。布劳沃说：“不仅是在马尔山的巴西东海岸，而且其南部对面的西海岸及非洲中部，都主要是由这些岩石组成的，在许多方面它们给予了这两个大陆景观相似

图 5-1　条带状片麻岩

图 5-2　金伯利岩

图 5-3　黄长煌斑岩

图 5-4　晚侏罗纪火山岩

图 5-5　辉长岩

“辉长岩”一词于 1768 年由 T. 托泽蒂命名，它由深层地壳或上地幔的玄武质岩浆经侵入作用形成，广泛分布于地球地壳的各种地质构造和月球上。

的地形特征。”

在巴西一侧，晚期的花岗岩是入侵的“米纳斯系列”，即由巴西的米纳斯吉拉斯和戈雅兹州侵入，在那里形成含金矿脉，在圣保罗州的也是这种侵入岩。在非洲，相应的岩石是赫雷罗兰的埃龙戈花岗岩、达马拉兰山西北部的布兰德伯格花岗岩，以及德兰士瓦的布什维尔德杂岩体。

富碱岩也在完全对应的绵延的海岸线上出现：如巴西的马尔山各处（伊塔蒂亚亚、里约热内卢附近的格里希诺山地、塞拉—丹吉尔山地、卡布弗里乌），非洲的鲁德芮兹海岸（斯瓦科普蒙德北部的开普克罗斯附近），以及安哥拉。在远离海岸线的地方，有位于米纳斯吉拉斯州南部的波苏斯—迪卡尔达斯和位于德兰士瓦的勒斯滕堡区的两个直径约 30 千米的火成岩地区。这些碱性岩石，与深成岩、煤矸石和喷出岩的形态完全类似，这一点特别引人注目。

提到第四组岩石（侏罗纪火山岩和侵入岩），布劳沃说：“就像在南非一样，巴西有一系列位于圣卡塔琳娜系统底部的厚厚的火山岩，大致相当于南非的卡鲁系统。该系列可被视为侏罗纪火山岩，它覆盖了里约格兰德杜索、圣卡塔琳娜、巴拉那、圣保罗和玛多布鲁索等州省的广大区域，甚至涵盖了阿根廷、乌拉圭和巴拉圭。”在南纬 18° ～ 21° 之间，非洲有一个卡奥科构造层，这里的岩石类型与巴西南部圣卡塔琳娜和里奥格兰德的岩石类型一致。

该岩石组（金伯利岩、黄长煌斑岩等）的最后一组最为有名，因为在巴西和南非都发现这些河床出产著名的钻石。在这两个地区，都发现了管状的特殊类型层。在巴西米纳斯吉拉斯州有白色钻石，而在南非只有奥兰治河北部才有。然而，这两个区域之间的对应关系清楚地显示了岩母岩比这些稀有的钻石产区分布得更广泛。里约热内卢州煤矸石的分布也是这样，布劳沃说道：“如同金伯利岩处于南非西海岸附近一样，著名的巴西岩石几乎都属于低云母玄武岩品种。”（H.S. 华盛顿也承认这些火山岩之间的一致性，尽管如此，他认为这种对比并不利于漂移理论，主要是因为他对于这类对比要求得太多了。很不幸的是，他的态度决定性地影响了许多美国地质学家。）

然而，布劳沃甚至强调连两侧的沉积岩都相互对应：“大西洋两岸的某些沉积岩群的相似性也很惊人，我们只需提到南非卡鲁系统和巴西圣卡塔琳娜系统就能看出。圣卡塔琳娜和里约格兰德杜索的奥尔良砾岩与南非德韦卡砾岩是匹配的，这两个大陆最上面的部分都是由已经提到的厚火山岩系列形成的，就像好望角海岬的德拉肯贝里和里约格兰德杜索的塞拉基拉一样。”

杜・托伊特甚至推测，南美洲古怪的石炭—二叠纪过渡期的地质材料部分源于非洲：“根据 A.P. 科尔曼（A.P.Coleman）的观点，巴西南部的冰碛岩可能源于东南部现有海岸线以外的一个冰川中心。他和 J.B. 伍德沃斯（J.B.Woodworth）提到了某种漂砾石，这是一些奇怪的石英砂岩或带状碧玉卵石。从他们的描述中可知，这些漂砾石就像那些在西格里夸兰的马特萨普河床收集到的德兰士瓦冰一样，被向西搬运了至少 18 个经度。随着大陆破裂假说的构建，它们还可能向西被搬运得更远吗？”然而，最近 L.C. 费拉兹（L.C.Ferraz）在圣卡塔琳娜南部布卢梅瑙附近发现了这种露头岩层，杜・托伊特的解释因此失去力量。巴西和南非的露头岩层相似的情形是另一个非常值得注意的环节，它是一条在两大洲之间惊人地吻合的长链。

我们发现两大洲在古老的褶皱方向上相吻合，并且在整个大型片麻岩高原上延伸。以非洲为例，我们参考的是雷蒙尼（Lemoine）绘制的地图，如图 5-6 所示。此图为其他目的而绘，因此不能十分清楚地说明我们要讲的问题，但我们还是可以从中看出这一事实。在非洲大陆的片麻

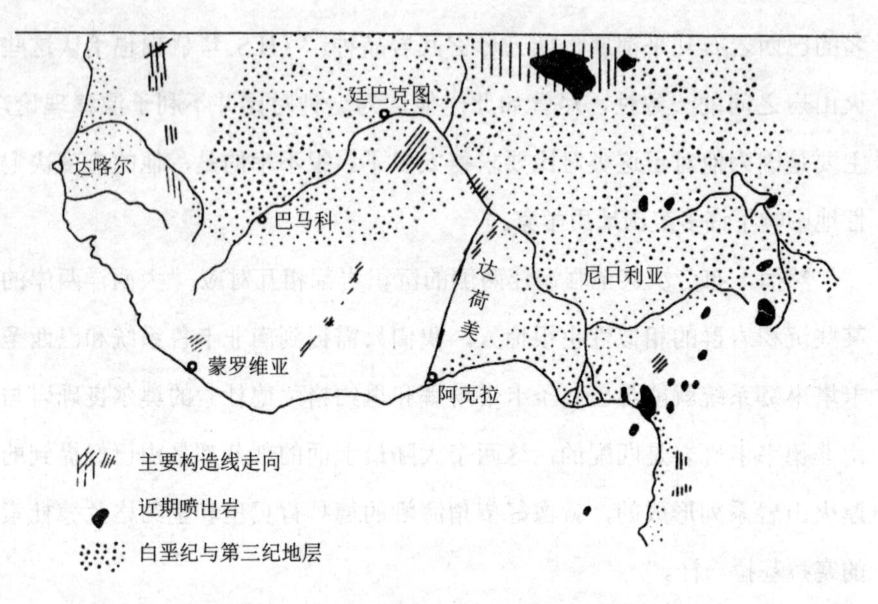

图 5-6　非洲构造走向图（据雷蒙尼绘）

岩山丘，有两个主要的构造线走向（趋势线），它们的年龄不同。居主导地位的一个构造走向在苏丹，它比较老，呈东北走向，在向东北直流的尼日尔河上游直至喀麦隆都可以看到，它与海岸线的角度大约为45°。另一个年轻的构造走向在喀麦隆南部，正像在地图上观察到的那样，大致由北向南运行并与海岸线平行。

在巴西，我们发现了同样的现象。苏斯写道："圭亚那东部的地图……显示了构成该地区的古生代沉积层或多或少为东西走向，包括古生代地层形成的亚马孙盆地北部。因此，从卡宴向亚马孙河口的海岸运行方向与构造走向是交叉的……到目前为止，巴西的地质情况是众所周知的，人们认为直到圣罗克角的大陆轮廓都是与山脉走向交叉的，但是，从这些山麓一直到乌拉圭，海岸的位置都是由山脉标记的。"这里河流的流向通常也遵循构造方向，一面有亚马孙河，另一面有圣弗朗西斯科河和巴拉那河。当然，由凯德尔绘制的南美洲构造地图显示其基本遵循了 J.W. 伊

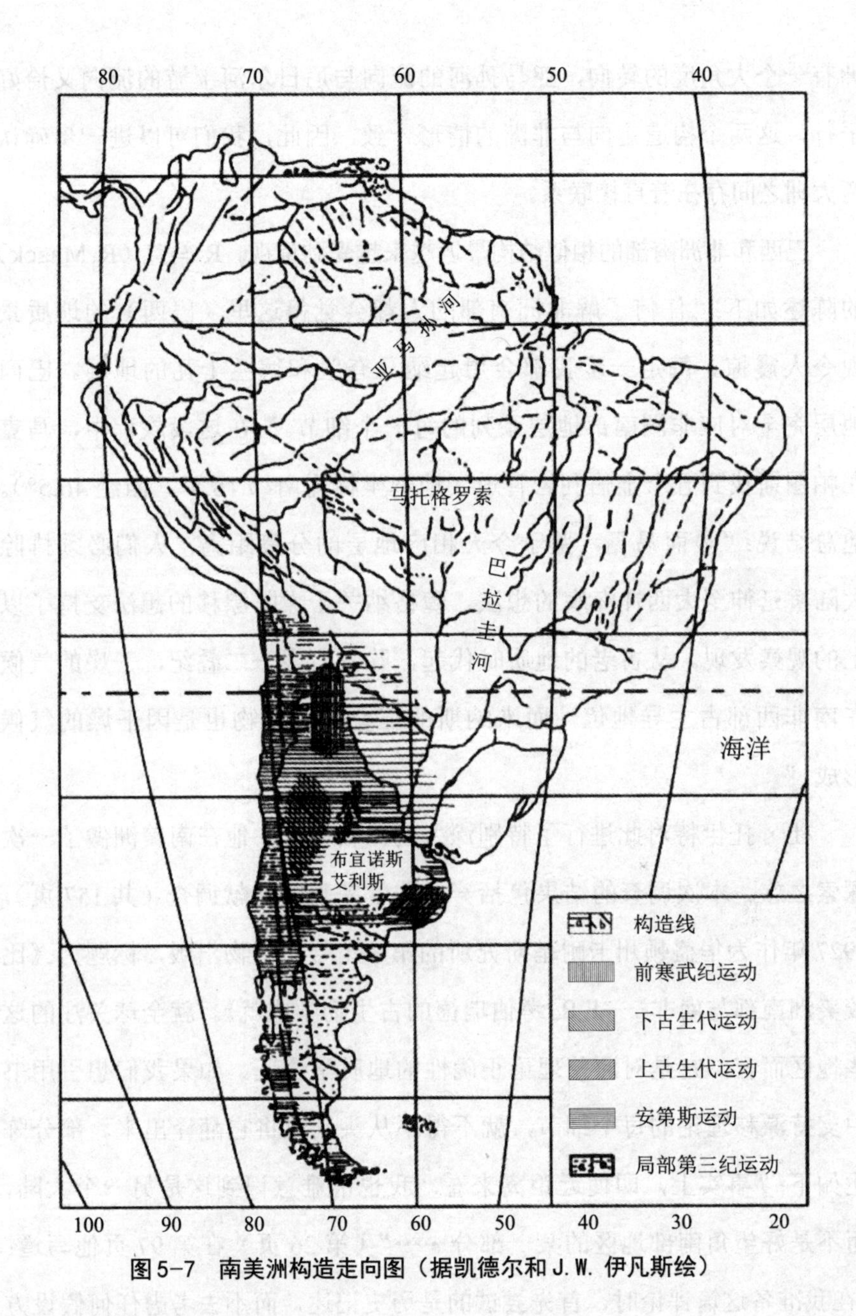

图 5-7　南美洲构造走向图（据凯德尔和 J.W. 伊凡斯绘）

凡斯的观点。最近的调查证明，有三分之一的构造走向平行于东北海岸，情况从而变得更复杂。然而，其他两个构造走向在这张地图上显示得很清楚，虽然它们在一些地区有点偏离海岸线。在我们的复原图中，南美洲有一个大角度的转向，亚马孙河的流向与尼日尔河上游的流向又恰好平行，这两个构造走向与非洲的情形一致，因此，我们可以进一步确认两大洲之间存在着直接联系。

巴西和非洲南部的相似结构最近越来越受到重视。R.马克（R.Maack）的陈述如下："任何了解非洲南部的人都会觉得这里（巴西）的地质景观令人震惊。每走一步我都会想起纳马夸兰和德兰士瓦的地层。巴西地层完全对应非洲南部地层系列的每一个细节。"在这段旅程中，马克在帕图斯找到五个金伯利岩管道（地理坐标为南纬 18.5°，西经 46.5°）。他总结说："显而易见，鉴于今天相应地层的分离距离，人们必须排除大陆桥延伸至大西洋海底的想法。魏格纳关于大陆漂移的想法支持了以上的观察发现。从古老的地质时代起，除去石炭—二叠纪，干燥的气候在南非西部占主导地位，而米纳斯的三叠纪沉积物也是因干燥的气候形成。"

杜·托伊特对此进行了特别深入的比较研究。他在南美洲做了一次探索之旅。本次调查的结果包括一个非常完整的文献调查（共 157 页），1927 年作为华盛顿州卡耐基研究所的第 381 号出版物出版，标题为《比较美洲南部与南非——F.R. 考伯瑞德的古生物学成就》。就全球关注的这些地区而言，它是对漂移理论正确性的地质学论证。如果我们想引用书中支持漂移理论的每个细节，就不得不从头到尾将它翻译出来。部分陈述如下："事实上，即使近距离来看，我也很难意识到这是另一个大陆，而不是好望角南部地区的某一部分……"（第 26 页）在第 97 页他写道："在我准备这篇评论时，首先尝试的是历史记述，而不去考虑任何假设方式，如这种联合方式或大陆块的最终分离方式，但它已变得很明显。数据的组合可以说明，这是非常肯定的位移假说的方向……"大西洋两侧的吻合已由大量的数据确证，不再可能只想象它们是偶然现象，特别是因为它们覆盖了广阔的土地，时间跨度为前泥盆纪到第三纪。杜·托伊特补充说："此外，这些所谓的'巧合'是由地层、岩性、古生物、构造、火山和气候的性质合成的。"我们无法在这里重现并整合某些要点去填补杜·托伊特书中第7章（《关于位移假说的影响》）的七页的内容，但是，我们在这里列出了主要地质特征的比较。

"在每一种情况下，都要将注意力限制在长度约45°、宽度为10°的地表条带上，我们现在将继续比较这两个延伸带，即一方的轨迹延伸是从塞拉利昂到开普敦，而另一方则从帕拉到巴伊亚—布兰卡港……

"两侧陆地的情况如下：

"（1）基础岩石包括前寒武纪时代的结晶体和某些褶皱带所包含的前泥盆纪沉积物，虽然许多沉积物有待确定其年代，但一般对应了岩性特征。

"（2）陆地的最北端是只受过轻微扰动的志留纪海相和泥盆纪河床，它横亘于塞拉利昂和黄金海岸之间广阔的向海岸线倾斜的地域，构成亚马孙河口的基础。

"（3）在更远的南部绵延着元古宙和早古生代地层带，主要构成是石英岩、板岩和石灰岩，几乎平行于海岸，只在北部稍有弯曲，但在其南部则受到更多干扰，在那里它们被花岗岩群侵袭，例如，在吕德里茨和开普敦之间，以及旧金山和拉普拉塔河之间的地区。

"（4）接近平伏状态的泥盆纪的克兰威廉地区与巴拉那和马多可洛索的地段几乎一样。

"（5）再往南，我们发现好望角南部的泥盆石炭纪的沉积体平行于巴伊亚布兰卡北部的岩层，它们很一致地向石炭—二叠纪冰川沉积物过渡，两者的延续体在二叠纪、三叠纪和白垩纪受到强烈挤压，显示出相似的方向。

“(6) 向北追溯，冰碛岩都会呈水平分布，它们侵入泥盆纪沉积物，停靠在由这些冰碛岩和古老岩石形成的冰蚀地貌之上；再向北追溯，它们就消失了。

“(7) 在不同情况下，冰川主要被带有舌羊齿植物群的二叠纪和三叠纪的陆相地层大面积覆盖。其次是大量流出的玄武岩和广泛渗透的被假定为里阿斯统的辉绿岩。

“(8) 这些冈瓦纳河床向北延伸，从南部的卡鲁到卡奥科费尔德，从乌拉圭到米纳斯吉拉斯。

“(9) 在北部进一步出现了大分离区，即安哥拉—刚果和马拉尼昂州地区。

“(10) 一个地层层内的断裂是普遍的，即便如此，在晚三叠纪和早二叠纪的河床之间通常不存在角度不吻合的情形。然而，在某些区域，晚三叠纪的地层可能会处于倾斜的二叠纪或前二叠纪的构造上，呈现出明显的不一致性。

“(11) 海岸上出现倾斜的白垩纪河床，仅位于本吉拉—刚果低地和巴伊亚—塞尔希培地区。

“(12) 水平的白垩纪—第三纪河床，既有海相又有陆相沉积，覆盖程度巨大，包含从喀麦隆到多哥兰、塞拉阿州、马拉尼昂州以及其他南部地区。同时，卡拉哈里沙漠广大范围的沉积物大致与晚第三纪沉积物以及第四纪阿根廷南美大草原（即潘帕斯草原）平行。

“(13) 在做这一概括性的总结时，构成重要联系的马尔维纳斯群岛不可忽视。岛上一系列泥盆—石炭纪的褶皱情形与好望角的难以区分，而拉弗系与卡鲁系则紧密地平行。马尔维纳斯群岛西南部的地层和结构在好望角也有，但在巴塔哥尼亚没有发现……

“(14) 从生物学角度出发，注意力应集中在：①分布在泥盆纪的

图 5-8　南美大草原

好望角、马尔维纳斯群岛、阿根廷、玻利维亚以及巴西南部的南相。相比之下，北相则分布于巴西北部和撒哈拉沙漠中部。②这种独特的爬行动物是中龙属，分布在好望角的德韦卡页岩以及巴西、乌拉圭和巴拉圭的伊拉蒂页岩中。③圆舌羊齿—舌羊齿植物群是分布于南半球冈瓦纳河床北部的一种小的混合形式。④丁菲羊齿植物群分布于好望角的上冈瓦纳和阿根廷。⑤尼奥科姆系动物群分布于好望角南部和阿根廷西北的内乌肯。⑥白垩纪的北部或地中海海相和南回归线以北的第三纪生物群。⑦分布在巴塔哥尼亚的始新世南大西洋南极相（圣乔治湾组）。

“（15）非洲和南美洲的地理轮廓惊人地相似，不仅在整体上，甚至在细节方面也是如此。此外，除了在北部，那些第三纪地区的边缘宽度很小，因此，这些河床也是短暂存在的。”

这里特别值得注意的是，关于两个大陆地质关系中的一个相当新的因素，杜·托伊特是第一个将其出版的研究者。在该书第 109 页，他说：

“而且，当追溯各大陆范围内的特定地层时，最重要的是我们从研究中获得由特定地层显示的阶段性变化的证据。

图 5-9　多棘成年中龙复原图

中龙，拉丁文名称为 Mesosaurus，长约 1 米的细长水生动物，生存在淡水河湖中，由热尔韦（Gervais）在 1864—1866 年命名。中龙属于早期爬行纲的中龙属，化石见于宾夕法尼亚系和下二叠纪。

图 5-10　舌羊齿化石

图 5-11　舌羊齿复原图

舌羊齿是种子蕨舌羊齿目最重要的代表属，其最重要的特征是单叶呈披针或倒披针形，具有明显中脉和结成长多边形单网眼的侧脉。它是晚古生代到中生代早期冈瓦纳植物区特有的植物，见于印度、澳大利亚、南美洲、非洲南部及南极洲的二叠纪至三叠纪地层中，少数见于侏罗纪早期。

“我们来考虑两个等价地层的例子：一个在南美洲或大西洋海岸附近，由 A 向西延伸到 A'；另一个在非洲的海岸附近，由 B 向东延伸到 B'。可以肯定的是，不止一个这样的实例，在这里，岩相变化在 AA' 或 BB' 的距

离比在 *AB* 的距离更大，虽然大西洋的全部宽度介于 *A* 和 *B* 之间。换言之，这两个反向海岸的特殊构造，往往比各自大陆内任何一个或两个实际可见的延伸都更相似。随着这类案例的增多，而且它们不止来自一个地质时代，这样的奇异关系不能再被视为完全偶然，因此需要寻求一个明确的解释。此外，一项分析显示这种偶然的倾向相当明显，所涉及的地层无论是海相的、三角洲的、陆相的、冰川的、风成的，还是火山岩。”

杜·托伊特给出了两个大陆分离之前的相对位置。他强调，在复原时，如果想观察到岩相的差异，就要在当今的海岸线之间留一个至少 400 ~ 800 千米宽的间隔带。我完全同意这一点，两个海岸线之间必须有剩余空间。对大陆架来说，它可在其前面延伸；对形成大西洋中脊的材料来说，这也是允许的。也许，当流星考察队评价和研究大量的回声探测数据时，就可以更准确地确定大陆块的相对位置。我猜测，以这个途径取得的结果类似于杜·托伊特基于地质对比取得的结果。

杜·托伊特认为，漂移理论的一个特殊佐证是在马尔维纳斯群岛发现的，即远离巴塔哥尼亚的大陆架与该地区没有地质联系，而与非洲南部有关联。（我必须承认，马尔维纳斯群岛在杜·托伊特假定的复原图中有所呈现。如果考虑到它们现今的位置和南大西洋的深度的话，这似乎是存在疑问的。在复原图中，我会把它们放在好望角的南部而不是西部，然而，这是一个次要问题，进一步的研究无疑会将之澄清。）

我必须承认，杜·托伊特的著作给我留下了深刻的印象，我几乎不敢想象如此接近的两大洲在地质构造方面完全一致。

如前所述，我在古生物学和生物学的范围内推断出一个结论：在早白垩纪至中白垩纪期间，南美洲和非洲之间陆地区域的交换中止了。这一点并不违背帕萨尔格（Passarge）的观点：非洲南部边缘的裂痕在侏罗纪时期就已经形成，而且裂谷口从南部逐渐开放，重要的是，槽形断层的形成可能在很早以前就开始了。

在巴塔哥尼亚，分裂导致了一类异常板块运动的发生，A. 温德豪森（A. Windhausen）描述如下：“新的隆起始于中白垩纪期间剧烈的区域性运动。”从而使巴塔哥尼亚地表“发生了改变，从一个明显倾斜区变为一个整体下沉区，并受干旱或半干旱条件影响，覆盖多石荒地和沙质平原”。

如果继续比较大西洋海岸线对岸更远的北方，我们会发现位于非洲大陆北部边界的阿特拉斯山系的褶皱主要发生在渐新世，但早在白垩纪就已经开始了，在美洲那边却没有延续。（最近，亨蒂尔和斯托布意欲看到这样一种延续，即在中美洲范围内，尤其是安的列斯群岛一带，与阿特拉斯山系属于同一地质年代；但贾沃斯基反对此观点，这与普遍被接受的苏斯理论是不相容的，其认为南美洲东科迪勒拉山脉弧是小安的列斯群岛的延续，因此，褶皱曲线没有派生出东西向的分支。）这与我们提出的重建假设是一致的，大西洋裂谷在这一区域已经开裂了很久的时间。事实上，这里的裂谷有可能之前并不存在，但开始分裂的时间肯定在泥炭纪之前。此外，北大西洋西部的巨大深度也许意味着这里的海底已经很古老了。人们也应该注意到，在伊比利亚半岛和对面美国沿海地区之间，以前的海岸线竟直接相连，真是令人难以置信。然而在任何情况下，根据大陆漂移理论并不能做出这种假设，因为在西班牙和美国之间存在着广阔的亚速尔群岛海底山丘。从最早的跨大西洋回声测深剖面来看，该板块可能代表由大陆地质材料组成的侵蚀层，其原始长度估计为 1 000 千米或更长。

从这些岛屿及其他岛屿的地质状况来看，的确可以将其理解为大陆板块，且地质结构与大陆板块完全相符（至于它们基底的大部和中大西洋的海岭是否由玄武岩构成则仍是问题）。

C. 加格尔（C.Gagel）也得出结论：“加那利群岛和马德拉群岛是欧洲—非洲大陆分裂的遗迹，其首次分离发生在离现在相对较近的时间。”

在大安的列斯群岛地区，C.A. 马特雷（C.A.Matley）最近做了一个关于开曼群岛的地质检测并得出结论：“首先，大安的列斯群岛的所有岛屿，虽然被海洋以相当大的宽度和深度分开，但是，在地质构造和火山岩系之间，它们的特征、岩相及相关性方面存在非常密切的家族相似性。它们的地质历史也非常相似。这些岛屿曾经比今天更接近彼此，这是漂移理论的佐证。此外，加勒比海的巨大海沟，如巴特莱特海沟，泰伯（Taber）声称是海槽断裂，很难理解安的列斯的陆地块体怎么会沉入地壳。”这只是一个小细节，但正是从这样的小拼接开始，地球整个表面的大规模图片最终被组装完成。

在更远的北方，我们发现三个方向一致的古褶皱带，从大西洋的一边延伸到另一边。这再次提供了非常明显的证明，即它们从前是直接连接的。

最引人注目的是石炭纪褶皱，苏斯称之为阿摩力克山脉，它使北美煤田看起来似乎是欧洲的直接延续。这些山脉现在更趋于稳定，它们自欧洲大陆的内陆地区开始，首先向西北延伸形成一个弧形构造，然后向西延伸，在爱尔兰西南部和布列塔尼地区形成一个荒凉的、不规则的（所谓“里亚式”）海岸线。这一体系最南端的褶皱范围穿越法国，又完全转向南部的海上大陆架，并在伊比利亚半岛的另一侧继续延伸为比斯开湾的深海裂谷。苏斯称这个分支为阿斯图里亚斯漩涡。然而，其主脉显然在大陆架的北部向西延伸，虽然其顶部已被波浪侵蚀，但其仍向大西洋盆地延展。（考斯马特的观点与苏斯不同，他认为，环绕海洋区域的欧洲所有褶皱弯曲最后都返回伊比利亚半岛。这一观点难以获得支持，因为如此大规模的一条褶皱曲线不可能被包含在大陆架内。）

贝特朗在1887年首次发现新斯科舍和纽芬兰岛东南部阿巴拉契亚山脉的分支在美洲的延伸。这是一个石炭层范围的褶皱山脉的终端，如欧洲那样折向北方；它同样产生了一个里亚式海岸线，其范围可能跨越纽芬兰浅滩的大陆架。它原本为东北方向，在断离处附近转为正东方向。根据现有的观点，人们假设它是一个单一的大褶皱系统，苏斯将它描述为"跨大西洋阿尔泰造山带"。若用大陆漂移理论来解释，问题就大大简化了。过去人们假设有一个沉没的中间部分比我们所知的终端部分更长，这样的假说彭克曾感觉是很难成立的。在裂谷的交界处，有一些零星的海底隆起，过去人们视之为沉没链的顶峰。而我们的理论认为它们是板块分离产生的边缘碎片，因为在这样的构造扰动区，由于分离而产生碎片是可以理解的。

直接与欧洲北面相连的是一个更古老的褶皱山脉，其形成于志留纪和泥盆纪之间，穿越挪威和不列颠岛北部。苏斯称之为加里东期褶皱（即古苏格兰山系）。K. 安德雷和N. 迪尔曼（N.Tilmann）已对该褶皱的延续问题进行了探讨，认为加拿大喀里多尼亚的一系列褶皱是加里东期的延续，例如，加拿大阿巴拉契亚山脉在加里东期产生了褶皱。当然，它们之间的对应关系并未受到一个事实的影响，那就是美国加里东褶皱系通过前面讨论过的阿摩力克褶皱再一次发生改变。在欧洲，这个过程只发生在中部地区。这些加里东褶皱的对接段应该出现在苏格兰高原和北爱尔兰的一侧，在纽芬兰岛的另一侧也可见到。

此外，欧洲加里东褶皱系北部位于更古老的（阿尔冈）片麻岩范围内，即赫布里底群岛和苏格兰北部。在大西洋彼岸的美洲，与之对应的是同样古老的拉布拉多片麻岩山地，它们延伸到南部的贝尔岛海峡，并深入加拿大。在欧洲，褶皱山系的走向是东北—西南；在美洲，则从这个方向转变为东西向。达凯在此指出："从这个可以推断出山脉越过北大西洋到达对岸。”根据以前的说法，沉没的陆桥必须至少长达3 000千米，若按今日大陆的位置，欧洲地区到美洲的直线投影在南美洲的方向上是几千千米。根据漂移理论，美洲大陆曾被侧位移动和旋转，在恢复大陆的原状后，它直接接入欧洲大陆，并作为欧洲大陆的一个扩展部分出现。

在北美洲和欧洲还存在着显著的更新世内陆冰盖的终端冰碛。它们处于同一沉积时期，那时纽芬兰岛已经脱离了欧洲，而在北格陵兰岛附近，大陆板块仍然是连接着的。无论如何，北美洲在那个时候必定比今天更接近欧洲。在我们的复原图中，如果考虑到冰碛的存在，在分离之前，如图5-12所示的那样，它们尚能够无缺口、无断裂地衔接起来；如

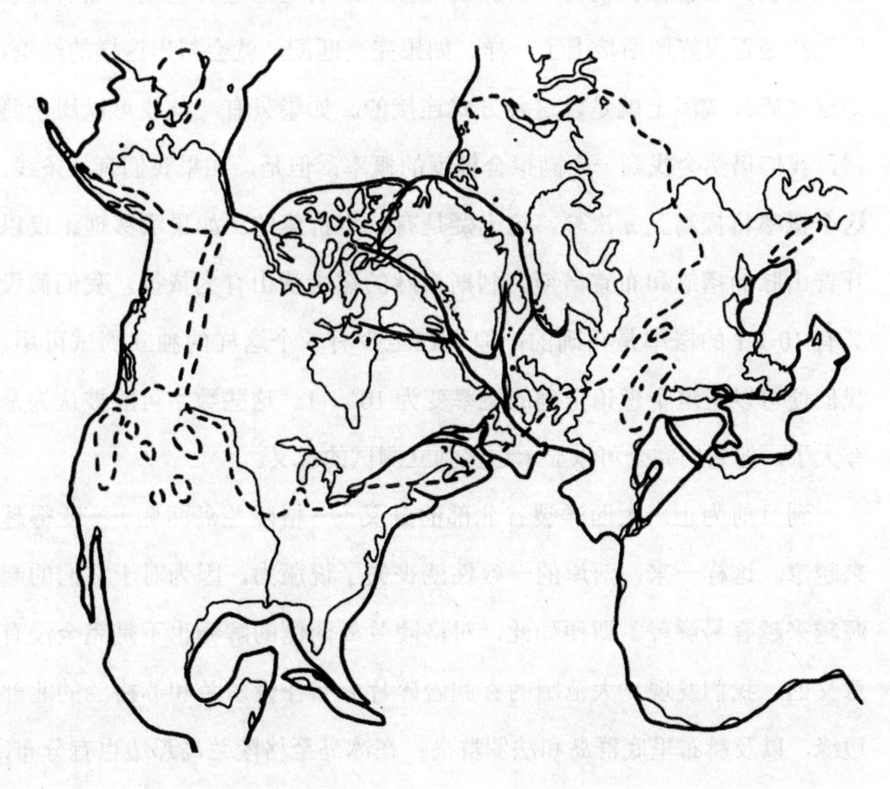

图5-12 第四纪内陆冰的界线，北美洲分离前进入复原期

果在沉积的时候，海岸的距离已经和现在一样为 2 500 千米，那么这样的衔接是极不可能的，而且现在美洲的南端比欧洲要低 4.5 个纬度。

上文讨论了大西洋两岸的一致性，即开普山脉的褶皱和布宜诺斯艾利斯山脉的锯齿状山脊、火山岩、沉积物、构造走向的整合，巴西和非洲高原巨大片麻岩数不胜数的其他细节，阿摩力克山系、加里东期、阿尔冈纪的褶皱和更新世的终碛，等等。虽然在某些方面，漂移理论可能仍然是不确定的，但这些对应点的总体性几乎构成了无可辩驳的证据，其正确性使我们坚信，大西洋应被视为一个扩大的裂痕。这里最重要的事实是：陆块必须整合其基础上的其他特征，尤其是它们的轮廓；其整合带来了每一种构造的延续，在更远的一侧完美地接触，却于近侧一端形成地貌。它就像我们将一份撕裂的报纸沿着边缘进行匹配，然后检查印刷线是否很好地衔接上了一样。如果完美匹配，就会得出这样的结论，即这些碎片实际上就是以这种方式连接的。如果只有一条线可以用于测试，我们仍然会找到一个高拟合精度的概率；但是，如果我们有 n 条线，这个概率将提高到 n 次幂。这无疑是有一定价值的。如果漂移理论仅以开普山脉的褶皱和布宜诺斯艾利斯山脉的锯齿状山脊为依据，我们假设其有 10∶1 的概率是正确的；但现在至少有 6 个这样的独立测试可用，我们便可以把这个理论正确的概率变为 10^6∶1。这些数字可能被认为是夸大了，但它们完全可以显示这些独立测试的意义。

到目前为止，大西洋裂谷北部的分叉——格陵兰岛两侧——变得越来越窄。这样一来，两岸的一致性就丧失了说服力，因为对于它们的起源越来越容易解释。即便如此，对格陵兰岛两侧的解释也不是完全没有意义的。我们发现，大范围的玄武岩碎片分布在爱尔兰和苏格兰的北部边缘，以及赫布里底群岛和法罗群岛；在冰岛至格陵兰岛那边也有分布，并形成了大半岛，其南部与斯克斯比湾接壤，然后沿着海岸延续直至北

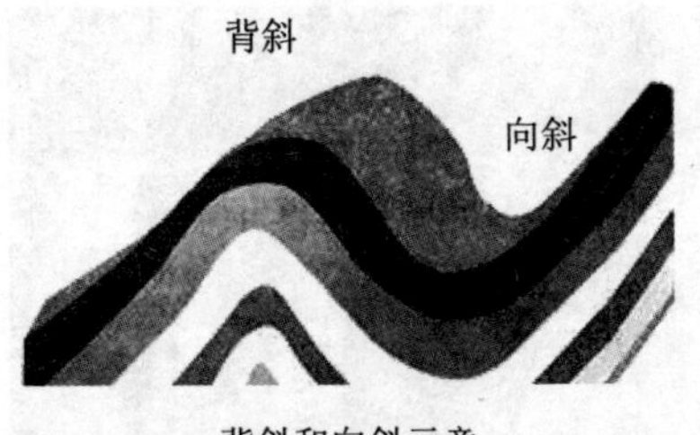

a. 背斜和向斜示意

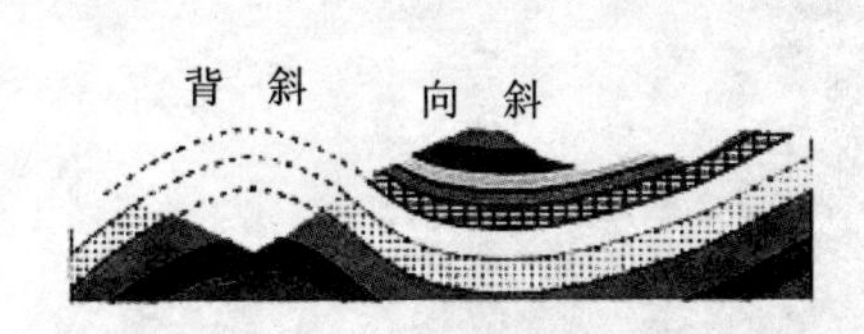

b. 背斜成谷、向斜成山示意

图 5-13 褶皱构造与地貌

图 5-14 褶皱构造地形

纬 75° 处。在格陵兰岛西部海岸，我们也发现了广泛分布的玄武岩片。在所有这些地区，分布着陆生植物的地区都有含煤地层，且位于两个玄武岩熔岩片之间。两个不同地区的相似性催生了以前的土地相连接的观念。同样的结论也来自陆相泥盆纪“老红”矿床的分布。在美洲，从纽芬兰岛到纽约有矿床的分布，在英格兰、挪威南部、波罗的海、格陵兰岛、斯匹次卑尔根也有同样的分布。这些发现勾勒出一幅在其形成时期连成一片的分布图，而这个地区现在是被割裂开的——按照过去的观念，

图 5-15　澳大利亚波浪岩（白垩纪）

图 5-16　格陵兰岛冰山一角

它是由于连接地带的沉没形成的；按照漂移理论，则是由于断裂后漂离形成的。

这里值得一提的是，石炭纪沉积物出现在格陵兰岛东北部北纬 81°处，在对岸斯匹次卑尔根岛也有分布。

此外，在格陵兰岛和美洲之间存在着结构上的预期的对应。根据美国地质调查局的北美洲地质图，在费尔韦耳角及其西北一带的片麻岩中，有许多前寒武纪的侵入岩，而它恰好又在美洲贝尔岛海峡的北侧被发现。在格陵兰岛西北部的史密斯海峡和罗伯逊海峡，其位移不涉及拉开的裂口边缘，而是一个大规模的水平错位，是走滑断层或横向断层。格林内尔地沿着格陵兰岛的轮廓滑动，于是，带有明显的线性边界的两个陆块由此产生。这种漂移在劳格－科赫的格陵兰岛西北部地质图中可见，如图 5-17 所示。如果人们寻找泥盆纪和志留纪之间的边界线，它位于北纬 80°10′的格林内尔地和北纬 81°31′的格陵兰岛之间。另外，在加里东褶

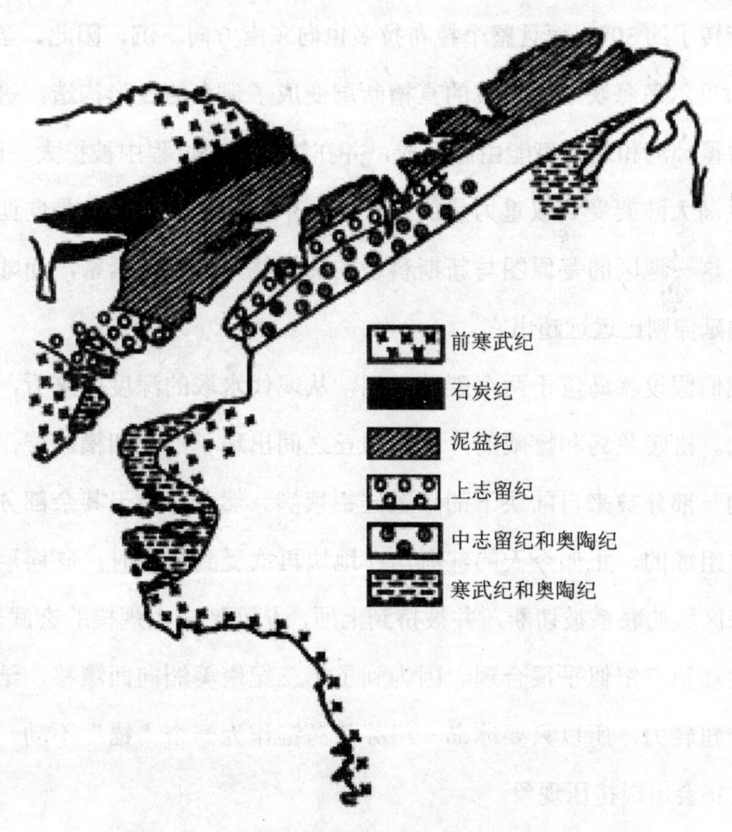

图 5-17 格陵兰岛西北部地质图（据劳格－科赫绘）

皱系统，横跨格陵兰岛到格林内尔地的一大片区域里，人们可以观测到相同的漂移。

在此我需要做进一步简短的说明，关于我们是如何复原大西洋前大陆的连接的。我们将在下文提供一个更全面的说明，如硅铝块的可塑性，其地下融合的过程，等等。但为了避免误解，有必要在此说明一下，我们所做的事情只是在地质基础上比较裂谷边缘。

在北美洲，我们的复原图显示了一些与今天地图的偏差，拉布拉多似乎被推向略微偏西北处。假设强大的拉力最终将纽芬兰岛从冰岛扯开，产生了两个板块接合部分的拉伸与表面的撕裂，这是它们实际破裂之前的状态。在美洲方面，不仅纽芬兰岛陆地板块（包括纽芬兰浅滩）被折断并旋转了约 30°，而且整个拉布拉多也向东南方向下沉，因此，圣劳伦斯河和贝尔岛海峡原先形成的直槽断层变成了现今的 S 形构造。进一步说，哈得孙湾和北海可能由此形成，并在这个拉动过程中被扩大。因此，纽芬兰岛大陆架受到双重力量的校正：一个是扭转力，一个是向西北的推力。这一地区的复原图与新斯科舍的陆架线匹配得很紧密，而陆架线现在的延伸则已远远超出它。

我们假设冰岛位于两个裂缝之间，从现代水域的深度图来看，这是可能的。格陵兰岛和挪威的片麻岩山丘之间出现了一个凹槽断层，后来裂谷的一部分被来自陆块下的熔融硅铝填满。然而，由于其余部分是由硅镁层组成的，正如今天的红海，在地块再次受到挤压时，硅镁层与底部较深区域的联系被切断，并被挤到上面，从而造成大规模的玄武岩流。这发生在第三纪似乎很合理。因为到了第三纪南美洲向西漂移，结果出现一个扭转力，所以只要冰岛—纽芬兰岛链作为一个“锚”不动，北美洲以北将会出现挤压现象。

我们也应该对这个连接中的大西洋中脊做出简要的考察。豪格

（Haug）认为，一开始，它就是一个包含整个大西洋地区的巨型褶皱地槽。但现在人们普遍认为这一观念是不完善的，我们可以参考安德雷的评论文章。无论如何，在我看来，我们在此处理的是陆地板块分离的一个意外结果。假设此处不是一个单一的裂缝，而是一个裂隙网络，那么就出现了一个岩石碎屑层，且大部分沉没在海平面以下，成为可以移动并趋向平坦的底层。碎屑层可能遍布各处，且其边痕如今不再紧密地匹配。

如前所示，亚速尔群岛相当于一个碎屑层，其宽度据估计已经超过1 000千米。这当然是一个特殊的情况，大西洋中脊与之相比要窄得多。从杜・托伊特给出的位置来看，人们可以根据现今的边缘架推导出碎屑层仅几百千米宽，有些地方可能更窄；倘若我们忽略存在少许干扰的情形，如阿布罗柳斯浅滩或尼日尔河口的凸角区域，那么这一陆地板块的边缘至今仍然惊人地吻合，这是人们一致认同的事实。我们的复原图（图2-18和图2-19）只是概略图，原图的绘制者们没有足够重视碎屑层这一难以估算的地带。然而，是否有可能在考虑到这些细节的基础上完成复原，目前尚无定论。因为即使我们完全准确地知晓大西洋底的轮廓，也仍然有许多不确定的因素，比如洋底有多少玄武岩曾经位于欧亚大陆和美洲大陆这两个大陆块的下面？在陆地板块的分离过程中，玄武岩是被撕裂的次大陆物质的提取物还是流出物？我们在进行复原时，不能不考虑到这些因素。

从地质学上来说，关于其他大陆连接的主题，与我们假设的大西洋裂谷主题相比，人们鲜有提及。

马达加斯加岛像它的邻居非洲一样，由东北走向的褶皱片麻岩高原组成。相同的海洋沉积物被堆积在裂谷线两侧，这意味着自三叠纪以来，陆地板块的两个部分就已被淹没的凹槽断层分离。马达加斯加岛的陆地动物也证明了这一点。然而，雷蒙尼指出，在第三纪中期，印度板

图 5-18　东非大裂谷

块已经从非洲分离，有两种动物（河猪和河马）由非洲迁移来此。在雷蒙尼看来，这些动物只能游过至多30千米宽的水湾，而现在的莫桑比克海峡为400千米。因此，只有在第三纪之后，马达加斯加板块与非洲才可能经历海底分离，而印度板块向东北漂移则比马达加斯加岛早得多。

非洲地质结构中相当重要的一个特征是裂缝，大部分裂缝沿着北—南方向延伸，多存在于非洲东部地区。在关于地球张力地带的一个有趣调查中，J. W. 伊凡斯强调了许多有利于漂移理论的观点，特别是以下陈述："非洲大陆的大部分结构尚未确定，但就目前所知，这样一种观点似乎很盛行，即支持张力从中心向外作用的观点。在中生代开始的时候有一个伟大的'原始大陆'，其中非洲是中心，并且它已经被一些相对运动分裂了，包括南美洲向西运动、西南极洲向西南运动、印度板块向东北运

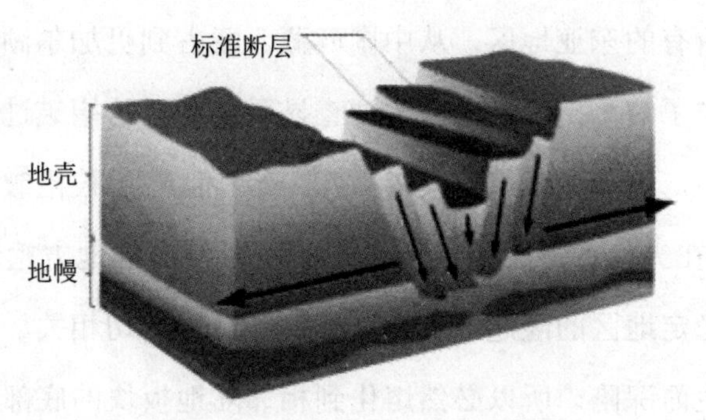

图 5-19　东非大裂谷成因示意图

动、澳大利亚板块向东运动，以及东南极洲向东南运动。”（当这些运动开始时，由于磁极位置不同，罗盘的基本点也存在显著差异。）

印度次大陆是一个平坦的具有褶皱的片麻岩高原。如今褶皱仍然显示着其对地貌形成的影响，如在古老的阿拉瓦利山脉和印度大沙漠西北边缘都可以看到，此外在科拉纳山也有很古老的褶皱。根据苏斯的研究，前者的走向为北偏东 36°，后者的走向为东北。因此，它们的走向与非洲—马达加斯加的走向一致。根据我们的复原需要，将印度板块稍稍旋转之后，所有的一切就可以连接起来了。除此之外，还有内洛尔山脉或维拉康达山脉的褶皱，为北—南走向，它和非洲的北—南走向一致。而且印度钻石矿脉与南非钻石矿脉是连接的。在我们的复原图中，印度西海岸与马达加斯加岛东海岸是相连的，两侧的海岸由片麻岩高原上的直线断裂组成；在裂隙扩大的过程中，沿着这些断裂线可能有像格林内尔地与格陵兰岛之间一样的相互滑动。断裂的两边均约有 10 个纬度长，北端都出现玄武岩。印度德干高原上的玄武岩层起于北纬 16° ，源于第三世纪初。因此，这两个陆地板块的分离有因果关系。马达加斯加岛的最北端由两个不同时期的玄武岩组成，但还未确定其生成日期。

巨大的喜马拉雅褶皱山系形成于第三纪，它意味着地壳的很大一部分受到挤压。如果这些褶皱被恢复，那么亚洲大陆的外形看起来会完全不同。可能所有的东亚地区，从中国西藏、蒙古到贝加尔湖，甚至白令海峡，都参与了这个挤压。最新的调查显示，最近的褶皱过程并不仅限于喜马拉雅山，例如，在彼得大帝山脉，始新世地层被褶皱抬升到海拔5 600米，而在天山山脉也有大断层产生。即使有些地方褶皱现象并不存在，仅有稳定地区的隆起，也与这个褶皱过程密切相关。巨大的硅铝块因褶皱发生而深陷，所以必然熔化到相邻陆地板块的底部并将地面抬升。如果我们只考虑亚洲陆地板块最高的区域（平均海拔约为4 000米，褶皱距离达1 000千米），以阿尔卑斯山为参照，设定（忽略更高海拔）相同的皱缩率，即缩减到原来程度的四分之一，然后，我们获得的印度板块的位移距离是3 000千米，因此在褶皱发生之前印度一定位于马达加斯加岛附近。在这里，利莫里亚沉没陆桥的旧说法显然没有了立足空间。

这个规模巨大的压缩可在其褶皱带的两侧看到许多痕迹。马达加斯加岛从非洲的分离及东非近期裂谷带（包括红海与约旦河谷）的形成，就是这个大褶皱所产生的一部分现象。索马里半岛可能被向北稍微拉动，压缩部分形成阿比西尼亚高原；硅铝块被迫向下沉降，穿过熔融等温线，流向陆地板块之下的东北部，在阿比西尼亚和索马里半岛之间的夹角处涌出。阿拉伯半岛也经受了东北方向的拉力，使阿克达山脉的分支像马刺一样推进波斯山脉中。扇形的兴都库什山脉和苏莱曼山脉的形成，表明这里到达了皱缩区的西界。同样的情况也发生在东部边缘的压缩区。在那

图5-20　利莫里亚古陆的压缩

里，缅甸的山脉转趋回折，以南北走向穿过安南、马六甲和苏门答腊。总之，整个东亚都受到了压缩运动的影响，其西界位于兴都库什山和贝加尔湖之间的阶梯式褶皱，一直延伸到白令海峡，其东界由凸起的海岸和亚洲东部的岛屿链构成。

乍一看，这些内容似乎太神奇了，但最近研究人员对山脉结构的调查完全证实了上述有关褶皱带的说法。这种说法出现在1924年，尤其体现在由阿尔冈主导的对亚洲结构的大规模调查的结果中。

在图5-21中，我们重现了阿尔冈的一幅图，说明了亚洲高地的巨大压缩，代表了从印度到天山的纵断面范围，因为阿尔冈认为这即将在第三纪结束。阴影区表示支撑的硅镁层，非阴影区表示硅铝块，圆点表示特提斯海遗留的产物，被硅铝层所夹带的基性岩（硅镁层）也被标示了出来，箭头显示着相对运动。总的来说，这里有一个巨大的逆掩断层，其中硅铝质利莫里亚板块被迫位于亚洲板块之下。

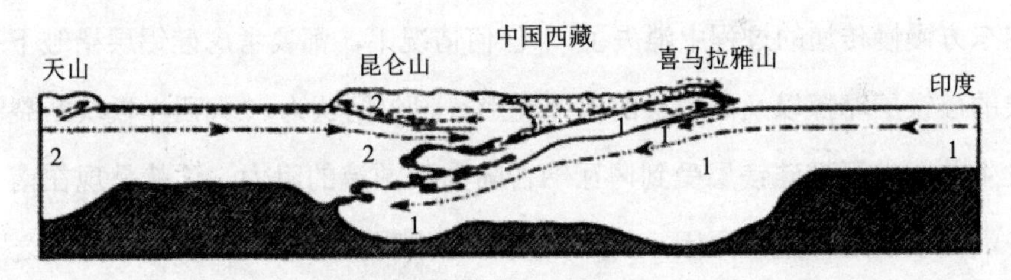

图5-21　穿越利莫里亚皱缩的纵剖面（据阿尔冈绘）

1代表利莫里亚（印度）；2代表亚洲。

我们同时引用其他图来对这个问题进行说明，如图5-22所示。它清楚地表明，著名构造地质学家所获得的结果与漂移理论十分一致。阿尔冈提醒我们要注意以下特点：三个硅铝层褶皱区Ⅰ、Ⅱ和Ⅲ是一种弯曲形态，类似于南美洲安第斯山脉，但其弯曲率越往东越小。阿尔冈的结论是：“来自西方的一个推力使之发生塑性变形，并传输到冈瓦纳古陆整

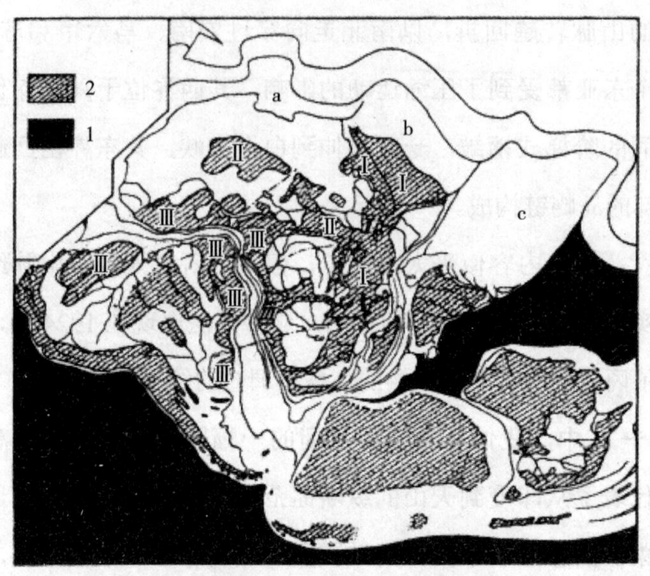

图 5-22　冈瓦纳古陆构造图（据阿尔冈绘）

1 代表主要硅镁层；2 代表倾斜的硅铝层褶皱区域；Ⅰ、Ⅱ、Ⅲ代表冈瓦纳古陆内部的三个分支区域；a、b、c 代表冈瓦纳古陆的非洲、阿拉伯和印度山麓。

个框架；这一推力使其恰好穿越大陆板块，而其对地表形态的影响也在向东方慢慢传递的过程中消失了。”任何情况下，都要考虑硅铝层褶皱下层的硅镁层摩擦以及硅铝层的内部变形。阿尔冈认为：“大西洋板块断裂发生前，太平洋硅镁层受到冈瓦纳古陆向西漂流的阻力，这就是现在南美洲处于前沿位置的原因……如果没有寻找到安第斯山脉和这个分支之间应力关系的同源性，那么所有解释都将是徒劳。坦噶尼喀区存在的向北的安第斯运动和白垩纪中期在侏罗纪河床上的运动不一致，证明这种应力关系远非错觉，其涵盖的宽度至少达到了现在像南美洲、非洲这种仍连接在一起的陆块的宽度。”

我们必须参考阿尔冈得出的另一个结论，他测定了主褶皱带硅铝层的褶皱量（在这里，我们并不讨论方法问题），但他表示，这是以单位距离排水量吨位计算的结果。他还区分了硅铝层褶皱和新形成岛链之间的吨位，而对能量方面的考虑则有所欠缺。通过统计数据，他发现在地中海褶皱区域（阿尔卑斯山脉到喜马拉雅山脉）吨位的差异很大，与环太平洋的褶皱形成了鲜明的对比。特别值得一提的是，太平洋外围地区褶皱量的吨位与中亚地区褶皱的巨大压力没有任何可比性。此外，北美西海岸褶皱量的吨位大大超过了亚洲东海岸的吨位。就生成时期距今较近的东亚山脉链而言，形成这一山脉链褶皱的吨位绝对比北美的吨位要大得多，而北美大陆几乎完全没有新山脉链，这进一步强调了东亚地势低与褶皱的数量有关。

阿尔冈认为第一组结果，即地中海褶皱带褶皱程度的高度变异性是因为硅铝块存在不均匀性产生的。他说："相反地，在环太平洋地区，吨位的轻微变化表明，与构成非常庞杂和易变形的大陆板块相比，太平洋下产生的是一种普遍存在的更均匀的材料……漂移理论在解释吨位分布事实方面毫无困难。该理论认为，太平洋下相对均匀和兼容的材料是硅镁层……漂移理论很容易解释第二组和第三组事实，与美洲相比，这是亚洲东部能量缺乏的表现。在板块运动过程中，漂移理论允许前方板块，即其中的硅铝块，在一定条件下对硅镁层板块逆冲，由此产生褶皱断层。而在后方，卷入回撤的硅铝块，是形成一个完全中断褶皱的原因，加上拉伸应力的影响，板块会产生横向断裂；像纽扣孔一样的撕裂断层形成边缘入口。在被拖曳而去的山脉的后面，沿着大陆的轨迹形成或多或少的独立岛弧；硅镁块现在不得不去适应新的环境，从而抬升后面的板块。由于参与硅镁块完全隆起的时间延迟了，深层断裂槽线因而产生。第一种类型主要发生在美洲西缘，第二种类型很长一段时间发生在亚洲东部，前者的吨位与后者相比，其优越性不言自明。"

阿尔冈补充说："漂移理论简洁地解释了这些重要的事实。该理论开始并不为人所知，而后备受青睐。严格来说，这些事实并没有一个真的证明了漂移理论，甚至硅镁层的存在，但两者之间达到了思路的一致，这对漂移理论的成立很有价值。”

上面讲了阿尔冈的观点，该内容可以被视为对亚洲在整个世界结构中的地位的一个主要概述。

在印度东海岸和澳大利亚西海岸之间做一个精确的地质比较也是很值得的。因为根据漂移理论，直到大约侏罗纪时它们还是连在一起的。然而到目前为止，至少从地质角度来看，还没有人做过这样明显的比较。印度东海岸是片麻岩高原上的陡峭的断裂线，只有狭窄的哥达瓦里煤田是例外，它们由冈瓦纳河地层组成。冈瓦纳河床上层随着海岸线不整合地覆盖在其边缘。西澳大利亚也有一个片麻岩高原，与印度次大陆和非洲一样有着波状表面。这个高原下降至海洋，沿着海岸线有一个长长的、陡峭的边缘，这是达令山系及其向北的延展。陡峭的边缘前面是一个平坦的沉积层，它由古生代和中生代地层组成，并伴有少量的侵入玄武岩。在这个区域之外，是一条狭长的片麻岩带，时隐时现。在欧文河提取到的地层沉积物中也含有煤。澳大利亚大陆片麻岩褶皱的走向一般是南北走向，如果和印度次大陆接合起来，走向则改为东北—西南，也就是平行于印度次大陆的主要构造线的走向。

在澳大利亚东部，澳大利亚山脉（本质上是石炭纪褶皱系统）沿着海岸从南到北分布，其褶皱系统在向西的逐步回落中结束。而独特的褶皱系统总是精确地沿着北—南方向运行。正如兴都库什山脉和贝加尔湖之间的阶梯式褶皱一样，澳大利亚山脉是褶皱的侧边界。安第斯山脉的巨大褶皱，从阿拉斯加开始，延伸到整个四大洲（北美洲、南美洲、南极洲与大洋洲），并以此为终点。澳大利亚山脉的最西边最古老，而最东边则最年轻。塔斯马尼亚是这一褶皱系统的延续。有趣的是，这个山系与南美洲安第斯山脉在结构上显示出相似性，最东边的山脉是最古老的，因为它们位于地极的另一侧。最近，澳大利亚缺失的最年轻的褶皱山脉，被苏斯在新西兰发现了。当然，其褶皱过程甚至没有延伸到第三纪，苏斯说：“根据大多数新西兰地质学家的观点，形成毛利安山系的主要褶皱发生在侏罗纪和白垩纪之间。”在此之前，几乎所有的东西都被大海覆盖，这个褶皱过程第一次“把新西兰地区变成了一个大陆板块”。上白垩纪和第三纪河床仅见于边缘地带。事实上，新西兰南岛上的白垩纪沉积物仅见于东海岸，而不见于西海岸。在第三纪“西海岸发生分裂”，“因为第三纪海洋沉积物也在那里被发现”。在第三纪末期，出现了其他褶皱、断层、逆掩断层，当然它们的规模在缩小，最后形成今日山脉的形态。我们可以用漂移理论解释这个问题：新西兰原为澳大利亚板块东部边缘的一部分，因此其主要褶皱过程与澳大利亚山脉相连；当新西兰山脉被分离而形成花彩岛时，形成褶皱的过程停止。至于第三纪末期的变动，则大概与澳大利亚板块的推移和漂移有关。

从新几内亚岛地区的深度图可以看出澳大利亚板块运动的细节，如图 5-23 所示。从东南来的巨大的澳大利亚板块，其前部厚如铁砧，这是由于在新几内亚岛被挤压成年轻的高海拔山系时，澳大利亚陆块前端从东南方被挤压到巽他群岛和俾斯麦群岛之间的褶皱链中。在海深图中，

图 5-23 新几内亚岛链的扩散（示意略图）

图 5-24　新几内亚岛附近海深图

如图 5-24（这是巽他群岛最明确的地图，参见莫伦格拉夫的《东印度群岛现代深海研究》，它提供了海拔和水深的相等间隔）所示，我们看到巽他岛最南端的两个褶皱组：爪哇链沿东西向在水中运行，最后弯曲形成一个螺旋环绕班达群岛到西波各浅滩，走向从东北—北变为西北—西，最终变成西南走向的过程；帝汶岛岛链位于爪哇链的南部，它有一个扭曲变形的过程，这是其与澳大利亚大陆架碰撞的证据。H.A. 布劳沃做出了此碰撞背后详细的地质推理。这条链被猛烈地扭曲成一个螺旋形，像爪哇链一样，一直延伸到布鲁岛。布劳沃在一篇论文中分享了一个有趣的细节：内岛链上布满了火山，直至今天仍然活跃；只有两岛（即班达尔和达马尔）之间的伸展地带是曾经活跃的死火山。然而，紧靠着帝汶岛北部边界的外链部分被澳大利亚大陆架挤压，因此，在这里的弯曲过程停止了，但这种扭曲变形的过程在其他地方继续着。这些事实正好契合了澳大利亚板块碰撞的观点，同时对火山起源问题同样有启发性——它是通过岛链的弯曲引起的压力形成的。

人们可以看到一个非常有趣的对新几内亚岛东侧碰撞过程的补充：新几内亚岛从东南部开始移动，被俾斯麦群岛的一些岛屿刮擦，这时撞上了新不列颠岛的东南端，并将其拖着移动，同时把这个岛旋转超过 90°而弯成半圆。这时在它的后面留下一条深沟，但由于移动急剧，硅镁块还来不及填满它。

很多人或许认为，仅仅从深度图就推导出这样的结论，未免太轻率。事实上，深度图上到处都是可靠的板块运动指向，特别是在近期的运动中。

同样，巽他群岛的许多孤立的现象也证明了漂移理论的正确性。例如，B. 瓦纳（B.Wanner）解释说，布鲁岛和叙拉贝斯之间的深海是布鲁岛已经在水平方向上漂移了 10 千米所致，这与漂移理论相吻合。G.A.F. 莫伦格拉夫（G.A.F.Molengraaff）在巽他群岛图上标注出珊瑚礁已经上升超过 5 米。这一地区的现象与漂移理论研究的结果惊人地相似，根据漂移理论，这一区域相当于硅铝层由于压缩力而加厚的区域，包括澳大利亚板块的北部——除了爪哇岛和苏门答腊岛西南海岸，一直到西里伯斯岛（即苏拉威西岛），以及新几内亚岛北部和西北部海岸。根据 C. 加格尔的研究，最近有相当多的台地的海拔已被抬升至 1 000 米、1 250 米，也有可能近 1 700 米，这一情形发生在新几内亚岛的柯尼希・威廉角。根据 K. 萨珀（K.Sapper）的研究，同样的情形也在新不列颠岛可见。这种非常显著的现象意味着，在此地，最近有一种强大的力量在起作用，它引发了区域碰撞，这也很符合我们的观点。

在巽他群岛，漂移理论看起来是如此神奇。值得注意的是，在巽他群岛工作的荷兰地质学家们，是第一批站在漂移理论立场进行研究的科学家。这些人中最早的专家是莫伦格拉夫，早在 1916 年他就为此提出理论；后来还有范・维伦（Van Vuuren）、温・伊斯特（Wing Easton）、B.G. 埃舍尔（B.G.Escher）及 G.L. 斯密特・斯宾格（G.L.Smit Sibinga）等人。最近，斯宾格特别从漂移理论角度给出了一个巽他群岛地质发展的完整报告，同时也解决了西里伯斯岛和哈马黑拉岛特有的形状起源的问题。他总结道："小巽他群岛、西里伯斯岛和马鲁古群岛代表着从巽他陆块切断的原始边际链。起初，它们形成一个普通的双链，但后来因为与澳大利亚大陆板块碰撞而呈现现在的形状。"我们在这里呈现出其调查的结语：

"在最后一节，我们想逐条指出关于马鲁古群岛的一些地质事实，并通过我们的假说去更好地解释它，而且这些都是基于泰勒和魏格纳的思想。正如上面所言，其比其他任何理论都适宜。

"（1）漂移理论没有必要解释海洋下被淹没的前陆地在当今的代替者、造山过程和陆桥的消失，换句话说，漂移理论与均衡理论一致。

"（2）漂移理论以一种明确的、合乎逻辑的方式解释了当今的地貌构造，这是马鲁古群岛链（原始双链）和澳大利亚大陆板块之间的碰撞导致的。

"（3）漂移理论提供了关于西里伯斯岛北部奇异 S 形的一个解释。这是一个非常不寻常和难以解释的背斜，也是来自澳大利亚大陆压力的结果，它取代了帝汶岛—斯兰岛链，直到西里伯斯岛，从而打破布鲁和苏拉岛屿之间的岛链。

"（4）漂移理论提供了一个自然而然的解决方案，把环绕班达海盆地的显著的岛链形式解释为一个压缩链。前文中，我们已经详细讨论了收缩理论在这个问题上站不住脚的结论。

"（5）漂移理论解释了在帝汶岛—斯兰岛链中横向断层从班达盆地向外分叉发散的事实，表明这条链受困于澳大利亚大陆的推力，而从收缩理论的角度看这是一个令人费解的现象。

"（6）漂移理论使人能够理解外岛链第三纪走向的异常。因为它们的走向在发生变化的同时，岛链在被压缩之前仍然有其原来的形状。

“(7) 漂移理论支持造山力量来自澳大利亚大陆。这精确地解释了为什么外岛链与这个大陆有直接接触——相比于内岛链，西里伯斯和哈马黑拉群岛的褶皱和翻转是如此强烈。内岛链从未接触到澳大利亚大陆。这些造山运动的力量通过外链只传输到了西里伯斯岛，因此，必然失去了强度；而哈马黑拉群岛与澳大利亚和外链之间存在几乎相同的亲密联系。相反，如果一个假定的切向压力来自班达盆地，人们会期望最密集的造山运动出现在内岛链和西里伯斯岛东部。

“(8) 在解释山脉形成时，漂移理论避开了错综复杂的地质和生态要素构成原始大陆的观念。

“(9) 图康贝斯和邦盖群岛之间的外岛链破裂，压力随之释放，漂移理论可以解释在下新世期间造山运动进程的中断。即使造山强度比较小，在上新世期间当外岛链与西里伯斯岛接触时，这一过程也曾重启。

“(10) 关于西里伯斯岛西部显著的地质差异和该岛东部的下沉，漂移理论提供了一个可接受的解释。西里伯斯岛中部活火山的灭绝和其北部的重新喷发，可用同样的方式解释，这是潘塔尔岛和达马尔岛之间活火山活动的间歇（布劳沃），也就是说，通过外岛链渗透到（西里伯斯东部）内岛链（西里伯斯西部）。

“(11) 东印度群岛东部的地层模式变得更清晰、更明显。因为在最近的古生代直到新三纪期间，间歇性的海进进一步深入巽他地区，同时，边缘岛链的形成与分离同时发生。从其中一条地槽带来看，它位于中生代巽他大陆的前缘，外岛链由此发展起来；从另一条地槽带来看，它位于第三纪巽他大陆之前，第三纪中新世早期内岛链也发展了起来。边缘链——主要是新三纪形成的地槽褶皱——仍然保持与巽他陆块的统一。

“(12) 漂移理论可能对马鲁古群岛动物群的分布给出了一个比较令人满意的解释。这个分布情况需要有菲律宾群岛、马鲁古群岛和爪哇的从前的土地关联，还有一个是在哈马黑拉岛和西里伯斯岛北部之间的关联，而这正是动物地理学家们相信的。”

正如大家所看到的，对于地球上令人费解的区域，漂移理论已经成为职业地质学家的一个工具。

有两个海底山脊加入新几内亚和澳大利亚东北部，成为新西兰的两个岛屿，并显示出漂移的路径；山脊可能是以前的土地，因受牵引力作用而变得扁平，因此被淹没，但某种程度上，它们可能是板块底面融合的遗迹。

论及澳大利亚与南极洲的联系，因为我们对南极洲大陆所知不多，所以能谈的甚少。一条宽广的第三纪沉积带沿着澳大利亚整个南部边缘行进，并继续通过巴斯海峡延伸；它仅仅在新西兰再次出现，在澳大利亚东海岸则未现身。它可能是第三纪被淹没的凹槽断层，那时澳大利亚板块已从南极洲分离，但塔斯马尼亚区域除外。一般认为，塔斯马尼亚结构是南极洲维多利亚地的延续。另一方面，O. 维尔肯斯（O. Wilckens）写道：“新西兰褶皱范围的西南弧形（即奥塔哥鞍形陆架）在南岛的东海岸似乎突然被切断了，这个终止不是自然的结果，毫无疑问源于一个断裂。其范围的延续只能在一个方向上寻求，即沿着格雷厄姆陆地山脉（南极安第斯山脉）的走向。”

我们还应该指出的是，南非开普山脉的东部体现着同样方式的断裂。根据南极遗址复原图，我们将不得不在高斯伯格和科茨地之间寻找断裂范围的延续，但那里的海岸仍然是未知的。

前面已经提到了南极西部和火地岛之间的连接，以地质学观点来说，它可以作为一个表现漂移理论的模型（如图 5-25 所示）。直至上新世末，至少在火地岛和格雷厄姆地之间有过一定的物种交换，古生物学数据证实了这两个区域的关联；如果两个岬角一直位于南三明治群岛的岛弧附

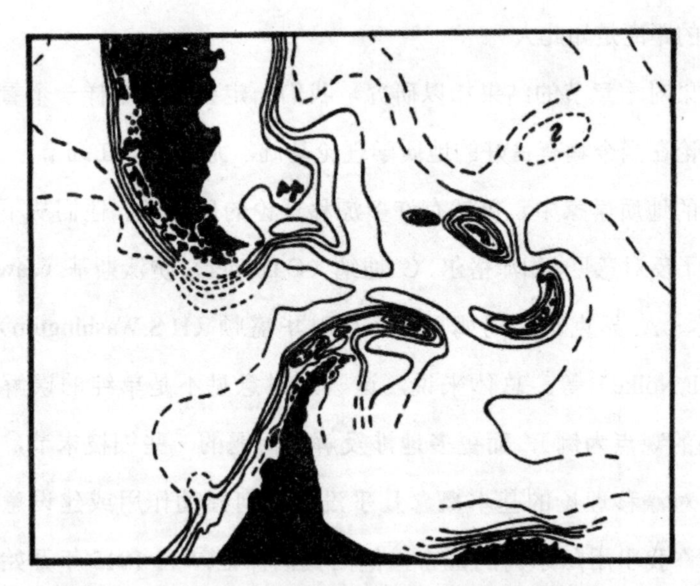

图 5-25 德雷克海峡海深图（据格罗尔绘）

近，那么这种交换是可能的。然后，它们向西漂移，但其狭窄的链仍然卡在硅镁层之中。在海深图中可以看到，雁行链从漂移块上被逐一地撕落、遗留下来。南三明治群团就在其裂谷地区中间，是这一过程中最强烈的一个弯曲。在此过程中，包含于陆地板块中的硅镁层被挤压。这些岛屿都是玄武岩质的，其中一个岛（扎瓦杜斯基）仍是活跃的火山。此外，根据 F. 许恩（F. Kühn）的研究，第三纪晚期的安第斯山褶皱消失于南设得兰群岛弧的整条链上，同时在南乔治亚岛、南奥克尼岛等地形成了更古老的褶皱，这是众所周知的。这些特点均由漂移理论做出了解释。事实上，如果南美洲和格雷厄姆地的褶皱是由向西漂移的陆块产生的话，那么褶皱过程一定有个终点。南设得兰群岛地处遥远却与此相关，只是因为当时它们被硅镁层缠住了。

与此相关的，还可以举出遍布南部大陆的石炭—二叠纪过渡期的冰川现象来作为漂移理论的证据，因为它们是原先连接着的大陆的部分碎片。相比沉没大陆的说法，用漂移理论来解释更容易一些，因为如今它们之间的距离是如此大。

如果对本章节的结果加以研究，我们一定会得出这样一个看法，即漂移理论在当今具有良好的地质学理论基础，尤其体现在细节上。的确，在现在的地质学家中，仍然有许多漂移理论的反对者，他们从不同的侧面提出了反对意见，如泽格尔、C. 迪纳（C.Diener）、贾沃斯基（Jaworski）、W. 柯本、A. 彭克、O. 阿姆斐雷、H.S. 华盛顿（H.S.Washington）、F. 诺尔克（F.Nölke）等。总体来说，这些反对意见不是单纯的误解（尤以C. 迪纳的观点为例），而更多地涉及解决问题的一些细枝末节，这些细枝末节对漂移理论的基本概念几乎没有任何撼动作用或建设意义。在此请允许我引用阿尔冈的证言，他向我们保证："自 1915 年开始，特别是 1918 年以来，我花了很长时间来验证漂移理论的正确性。依据我的方法，我绘制了完整的地质构造图集，标示出所有我可能判断出来的与运动方向相反的点。因此，如果今天我没有时间来证实我的一些推论，这并不意味着未及展开讨论，人们就可以认为它是轻率的或没有根据的。"

针对反对意见，阿尔冈这样说："任何理论的合理性都不超过它描绘的迄今为止已知事实的全部能力。在这方面，大型陆地板块的漂移理论处于完美的安全状态。开始时，它只是针对未知的领域；随着它的发展，它获得了很多的力量和资源而又根本不失逻辑性，同时它扩大了研究范围，并与那些被普遍认同的观点越来越和谐共存。在魏格纳出版的著作中可见漂移理论正被不断完善。漂移理论牢固地建立在地球物理学、地质学、生物地理学和古气候学等众多学科的知识交叉点的基础之上，它并没有被驳倒。一个人必须花费很长时间来寻找对该理论的反对意见，以及一些无懈可击的迥异的理论，而且该理论要有巨大的灵活性与广泛的自辩性。有人认为他掌控着一个关键的异议权，有一个更大的打击会使整个漂移理论崩溃。然而什么也没有崩溃，只是人们恰好遗忘了一点或两点。这是一个千变万化、充满灵活性的世界。

“尽管有一些反对的理论存在，但几乎所有的反对理论我都曾提到。那些已经出版或发表的，只有很少部分是合理的。而且他们关注的也只是几个次要问题，到目前为止，他们从来没有涉及最重要的问题。”

第

六

章

第六章 古生物学和生物学的争论

对于地球史前时期的演化问题，古生物学、动物地理学和植物地理学都有重大的贡献。对地球物理学家来说，如果他在验证自己的观点时没有考虑到这些学科分支提供的研究成果，那他就将陷入研究误区。如果生物学家要对大陆漂移问题进行全面研究，他们就得利用地质学和地球物理学的证据进行判定，不然也会使研究陷入误区。从我了解的情况来看，大部分生物学家认为不论是陆桥说还是大陆漂移说，对其都不重要，因为他们对这个问题持十分不严谨的态度。如果不盲从自己不熟悉的观点，那么生物学家可能会认为地壳是由比地心轻的物质构成。因此，如果大洋底属于下沉大陆，那它就应像大陆一样由较轻的地壳物质构成，海洋重力测量值也会在 4 ～ 5 千米厚的岩层出现重力亏损。但事实并非如此，因为这个结论只是地球引力在海洋中测定出的普通值。生物学家应该切记，大陆下沉的假说应该仅限于研究大陆架和沿海水域时，研究大型海洋盆地时则不应予以考虑。只有了解相关学科的研究成果，才能把有价值的事实资料变成客观真理。

前面我已经提出我的基本观点，在我看来，目前的漂移说缺乏生物学方面的证据。即便如此，仍有许多学者支持大陆漂移说。L. 冯 · 乌必西（L.von Ubisch）、W.R. 埃克哈特（W. R. Eckhardt）、G. 科洛西（Colosi）、L.F. 博福特和其他学者发表论文称，生物学家已经开始采用漂移理论。他们基本赞同这一理论，但是并没有就其进行充分的阐述，因此也不难理解 F. 奥克兰（F.Økland）或是冯 · 伊赫林的想法。奥克兰总结了对漂移理论的考证，解释了大西洋问题，认为漂移理论不如大陆下沉说合理。冯 · 伊赫林对南大西洋持有相同看法。他们都认为大陆下沉说更为可取。实际上，这个问题被错误地理解了。关于海洋盆地的问题，并不是大陆漂移或者大陆下沉哪个说法更合理，因为大陆下沉根本不属于讨论的内容，而这只是在大陆漂移和大洋永存说之间做选择的问题。

基于上述原因，我们有理由相信支持大陆漂移说的所有生物学证据。浩繁的生物学证据表明，曾经存在一片广泛连接的大陆横跨今天的海洋盆地。对非专业人士来说，是不能引用相关生物学证据完成论证的；对我们来说，出于篇幅的原因，要在本书范围内逐个介绍这些生物学证据也是不可能的。生物学家的著作屡屡论及漂移说的生物学例证，其中阿尔德特已做了深入研究，我们没有必要再重复此项工作，因为证实漂移理论的生物学证据已经在他们的总体概述中得到证实，并被普遍接受。

南美洲和非洲在以前是相连的，这就是有力的例证。施特罗默（Stromer）强调（根据其他证据），我们能从舌羊齿植物、中龙属爬行类动物以及其他动植物的分布中，推断出存在一个连接南部大陆的大片干旱古大陆。贾沃斯基无一遗漏地反驳了所有的反对意见，他总结道："就目前所知的，关于西非和南美洲的每一处地质特征完全符合当前和过去动物地理学以及植物地理学所提出的观点，即在很久以前，今天南大西洋所在的位置曾是连接非洲和南美洲的土地。" 植物地理学家恩格勒（Engler）总结道："考虑到整体地质环境，如果我们能证明在巴西北部（亚马孙河口东南部）和非洲西部的比夫拉湾存在大岛屿或是大陆桥，并且证实另一块在东北方向向印度板块延伸、与中澳大陆分离、连接纳塔尔和马达加斯加岛的大陆存在，那么，上述提及的常见于美洲和非洲的植物类别将是对南美洲和非洲曾经是相连大陆的最好解释。好望角许多处植物区系和澳大利亚的关联同样建立起了非洲大陆与澳大利亚大陆之间的联系。”最后一处连接似乎是关于巴西北部和几内亚海岸的，施特罗默认为：“非洲西部跟赤道南部环境相同，并且中美洲的热带海牛生活在河流和浅滩处及温暖的海域，但并不能穿越大西洋。这就意味着最近几年，在非洲北部和南美洲西部之间，一定存在着浅滩连接带；这个浅滩连接带一直延伸至南大西洋北部的海岸。”

冯·伊赫林在他的著作《大西洋的历史》中提出了古大陆相连的大量证据，我们在此不做赘述。然而该书对大陆的连接问题提出了一种站不住脚的解释，即在今天的大陆之间，存在一块中间大陆（陆桥）使它们相连，而这个拱形的位置没有发生过变化。早在白垩纪中期，这处连接的部分可能就已经断开。

早先发生在欧洲和北美洲之间的大陆连接，为我们提供了一组更为简化的数值；显然，连接的大陆由于发生海进，被反复侵蚀，或者多少曾被阻塞。表 6-1 是由阿尔德特绘制的，列举了大西洋两岸爬行动物和哺乳动物的同种百分比，此表有助于我们探讨北大西洋陆桥问题。

大多数专家认为陆桥说曾存在于石炭纪、三叠纪，之后是下侏罗纪而非上侏罗纪，上白垩纪和下第三纪也存在。石炭纪时期的陆地连接最为显著，可能是因为我们对那个时期的动物区系有更加完备的认识。欧洲和北美洲的石炭纪动物区系经过了以下学者的研究调查：W. 道森（W.Dawson）、贝特朗、沃尔科特（Walcott）、阿米（Ami）、索尔特（Salter）、克勒贝尔斯贝格（Klebelsberg）等。克勒贝尔斯贝格曾论述石炭纪煤层中的海相夹层内动物的相似性。这个煤层从顿涅茨地区开始，

表 6-1 大西洋两岸爬行动物和哺乳动物的同种百分比

地质时代	爬虫类（%）	哺乳类（%）
石炭纪	64	—
二叠纪	12	—
三叠纪	32	—
侏罗纪	48	—
下白垩纪	17	—
上白垩纪	24	—
始新世	32	35
渐新世	29	31
中新世	27	24
上新世	—	19
第四纪	—	30

穿过上西里西亚、鲁尔区、比利时、英格兰直达美国西部。这种在短期内出现的如此普遍的现象值得我们注意。这些动物的相似性绝不只限于那些遍布全球的物种成分，我们对此不做过多的论述。

在上新世和第四纪，爬行类动物的灭绝是受当时寒冷气候的影响所致。而哺乳类动物从它们出现在地球上以来，就显示出和爬行类动物一样的特性。在始新世时期，两者百分比最为接近。上新世时期，两者关联度减少，或许是受到当时在美洲形成的内陆冰的影响。我们参考阿尔德特的观点绘制了地图（图 6-2），该图显示了对北大西洋陆桥问题具有决定性意义的生物分布情况。最近发现的蚯蚓科新正蚓科分布在日本至西班牙地区，但在大西洋以西，只见于美国东部。珍珠贝见于两大陆断裂带上，主要分布在爱尔兰、纽芬兰以及两岸附近地区。鲈科和其他淡水鱼类发现于欧洲、亚洲、大西洋以西和北美洲东部。在这里我们还应提到一种

图 6–1　蚯蚓

蚯蚓是一种常见的陆生环节动物，生活在土壤中，被达尔文称为“地球上最有价值的生物”。

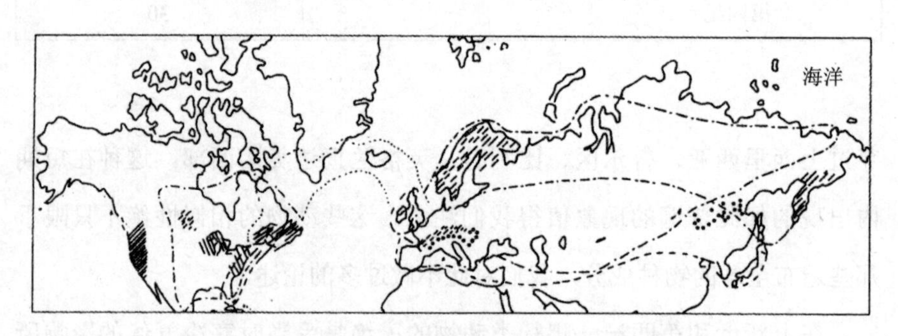

图 6–2　北大西洋生物分布图（根据阿尔德特绘）

点状线代表蜗牛；虚线代表蚯蚓科新正蚓科；点状线加虚线代表鲈科；阴影区（东北—西南向）代表珍珠贝；阴影区（西北—东南向）代表米诺鱼（荫鱼科）。

普通的帚石楠，除欧洲以外，只见于纽芬兰及附近地区。相反，大量的美洲植物在欧洲的生长地区只局限于爱尔兰西部。即便爱尔兰西部植物分布的原因也许要考虑墨西哥湾暖流，但它绝不是石楠属植物分布的原因。另一种值得关注的是菜园蜗牛的分布——从德国南部经过不列颠群岛，再到冰岛和格陵兰岛，最后横跨至美洲边境，但在美洲只见于拉布拉多、纽芬兰和美洲东部。对于这种情况，奥克兰绘制了一幅地图，如

图 6-3 所示。我想在这里特别提请注意一个问题：即使我们忽略掉大陆下沉理论在地球物理学上是站不住脚的这一事实，这种解释也仍然不如漂移理论有说服力。因为大陆下沉理论必须借助一个很长的假想大陆桥来连接两个小的物种分布区域。根据前文提到的诸多案例，东部的和西部的物种分布边界是不太可能只出现在今天的大陆上而不在海洋中宽阔的陆桥上的。

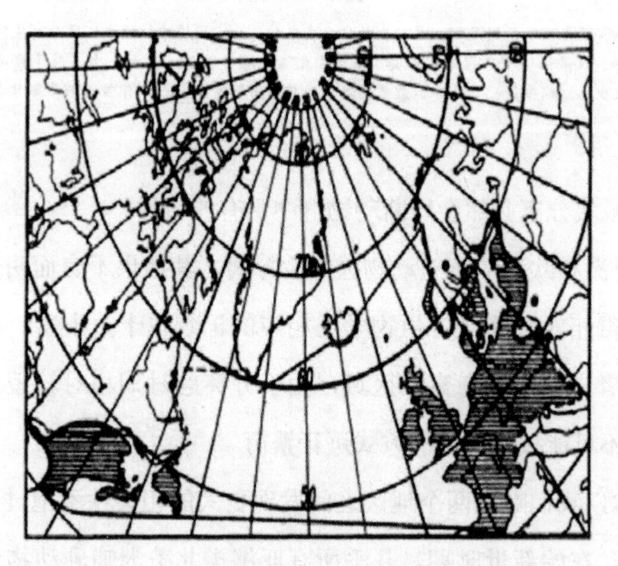

图 6-3　菜园蜗牛分布图（据奥克兰绘）

冯·乌必西纠正说："更早的理论假定的陆桥遍及各处……部分陆桥甚至横跨不同的气候带。因此可以肯定的是，即使陆桥延展至同一气候区域内，也不可能通过所有在相连大陆上的动物来解释大陆相连的问题，正如我们在现在这片互有关联的大陆上，没有找到一个完全均匀分布的动物群一样。欧亚大陆就是最有力的说明，从欧亚大陆上的同类动物群来看，东亚作为一块特殊区域，其同类动物大多分散而居。

"而根据魏格纳的漂移理论，板块分离导致了一个完全统一的动物区

图 6-4　蜗牛

蜗牛，软体动物，腹足纲，并非生物学分类名称。西方语境中的蜗牛不区分水生的螺类和陆生的蜗牛，汉语语境下只指陆生种类。陆地上生活的螺类约 22 000 种，大多属于腹足纲，肺螺亚纲比较少见。蜗牛是世界上牙齿最多的动物，其嘴若针尖大小，却有 26 000 多颗牙齿。

的分离，板块分离必然会切断动物群中已有的边界。

“北美洲和欧洲的统一动物区发生分离，其结果不言而明，因为板块分离出现得相对较晚，古生物学上相应的记录也十分丰富。此外，分离区是研究者一直详细考察的区域，由于分离的时期相对较短，存活下来的物种就不可能按照不同的方式进行繁衍。

“原本，我们对在两个地区之间发现更大的相关性不抱过多希望，但我们发现，在始新世时期，几乎所有亚纲类北美洲哺乳动物都出现在欧洲，这个发现也同样适用于其他的物种。

“当然，大洋两侧动物群之间的密切关系，也可以用北大西洋陆桥来解释……但是根据上述分析，魏格纳的解释更胜一筹……

“综上所述，暂且把细节放到一边的话，我们有充分的理由认为，动物地理学的事实与魏格纳的观点不谋而合。在许多情况下，相比之前所发现的理论，漂移理论能为我们提供更简单的解释问题的方法。（由于漂移理论会引导人们去期待更多的特性，奥克兰认为，基于同种物质，大陆下沉理论是首选，但是他忽略了大陆下沉理论在地球物理学上是站不住脚的。首先，漂移理论绝不会导致人们对动植物区系产生完全一致的误解；其次，化石的不完整性会使完全一致的动植物区系的数量减少，无论是从绝对数量上来说，还是从百分率上来讲。)”

在一部关于海鞘属的著作中，J. 豪斯（J. Huus）认为漂移理论的优势在于其不仅提供了大陆板块相连的可能性，也证实了动物栖息地的相互接近性：“魏格纳的漂移理论为跨大西洋关系提供了非常简单的解释。据此，我们可以假定，不仅在所提到的沿海地区，而且在两大洲之间的开裂处，第三纪期间该裂口一定比现在的裂口更狭窄。因此，我们也就更容易理解传播到海洋的物种，还有这片海域的中部和南部大西洋间的关系。同时，漂移理论也为西印度群岛的海鞘属和印度洋的海鞘属之间的亲缘关系提供了自然的解释。”

冯·乌必西、H. 霍夫曼（H.Hoffman）和 H. 奥斯特瓦尔德（H.Osterwald）近期提出关于北大西洋的一个有趣的细节。施密特发现：美洲和欧洲的淡水鳗常见的产卵区都位于马尾藻海（西印度群岛东北）；欧洲鳗距离产卵区更远，因此较美洲鳗经历了更长的发展时期。奥斯特瓦尔德认识到，大西洋淡水鳗的特征能明确解释大西洋海洋盆地随美洲逐渐偏离欧洲的漂移现象。如果我的记忆没有出现偏差的话，早在 1922 年前，施密特就口头上为我解释过这个问题。(冯 · 乌必西和霍夫曼认为，这些事实与漂移理论相对立，支持了大陆下沉说，是出于一种误解：“人们最初认为产卵区的运动是被动发生的，在白垩纪—始新世时期，部分鳗鱼产卵的海底就像水盆盆底一样，已经被美洲大陆向西拖动了。”“然而，根据魏格纳的理论这是不成立的，因为魏格纳认为，当大陆进行漂移时，新的硅镁层表面会不断地暴露出来。”马尾藻海海底可能不存在新露出的硅镁层，或许与佛罗里达和西班牙之间海洋盆地的底部是相同的，这一现象可以在始新世时期的地图中看到。实际或许更小，因为在复原图中，亚速尔群岛的硅铝层质量不计入考虑范围之内，它们应该附着在西班牙和北非大陆上。然而，在始新世时期，硅铝层早已存在于佛罗里达以东的海洋盆地上。覆盖于海洋盆地上的结晶质尽管附着于北美大陆上，但在那时已伴随大陆板块向西漂移。一份新的调查报告，与此处引用的论文相比，更多地参考了关于植物学、动物学方面的论文。L. 冯 · 乌必西赞同了它给定的结论，但他提出另一种猜想——欧洲大陆向东漂移，而不是美洲向西漂移。正如运动是相对的，这两种方式说明的是同一件事：如果美洲相对于欧洲而言是向西漂移，那么欧洲相对于美洲而言则是向东漂移。我想借此机会再次强调，南美洲从非洲的分离是发生在中白垩纪之前，正如调查报告在第 162 页、第 163 页和第 172 页中所述，始新世、中新世动物区系的差异仍被视为反对漂移理论的论据。）

关于北美洲和欧洲间的裂缝区在何时漂移至纽芬兰和爱尔兰边境，仍存在很大的分歧。然而，无论如何，这似乎是在第三纪末完成的。在更远的北部，连接冰岛和格陵兰岛的陆桥在第四纪仍存在。沙尔夫（Scharff）认为这是非常可能的。

在此方面，瓦明（Warming）和纳特霍斯特（Nathorst）对格陵兰岛动物区系的调查是最有意义的。他们发现，在格陵兰岛的东南岸，即在第四纪位于斯堪的纳维亚岛和苏格兰北部前缘一带的海岸上，欧洲元素（即“欧洲板块的影响”——译者注）占据主导地位；而在格陵兰岛现存的海岸上，包括其西北部，美洲板块的影响力占主导地位。

根据森珀（Semper）的研究，格林内尔地第三纪植物群和斯匹次卑尔根岛的关系（63%）要比与格陵兰岛的关系（30%）更密切。当然，今天的情况恰好相反（分别是 64% 和 96%）。根据我们复原的始新世时期的大陆分布情况，可以解开这个谜题。因为，当时格林内尔地和斯匹次卑尔根的距离，要比与格陵兰岛的距离短。

W.A. 耶奇努瓦（W.A.Jaschnov）在《新地岛甲壳纲动物》中认为，现在淡水龙虾的分布同样可以作为漂移理论最好的例证。在水生生物方面，可以很肯定地说，大陆漂移理论可以解释许多较低等的水生生物在北半球的分布问题。例如，我们所提到的，目前分散于各处的桡足类动物，它们通过各种方式进行物种扩散（借助风力或是飞鸟的力量），但由于缺乏其他阶段的资料，我们不将其纳入考虑范围。依照魏格纳的大陆漂移理论，该物种分布的范围绝对不止一处，如图 6-5 所示。

图 6-5　桡足类动物的分布图（据耶奇努瓦绘）

至于其他的研究者，我们只谈一下 A. 汉德里希（A.Handlirsch）。

经过深入的调查，他认为："在北美洲北部和欧洲必然存在大陆连接处。在北美洲北部和东亚北部，陆桥的出现不晚于第三纪，或许直到第四纪，这些陆桥一定长期存在……然而，我找不到令人信服的理由证明两者直接相连，或者南极洲第三纪大陆是由南美洲、非洲和澳大利亚直接相连。我要补充的是，在这个方面，没有人能证实早期这样的大陆相连是不存在的。"

B. 库巴尔特针对大西洋中脊岛屿上的植物区系进行了有趣的研究。从地质学角度看，大西洋中脊属于大陆的碎块。他对岛屿上的原生物种类型做了数据调查，并得到了一定的证据。此项调查对于南北岛屿隔离的动物区系的研究也是一种有力的支持，库巴尔特说道："当然这些证据不仅可以证明大陆漂移，还可以证实大陆桥的存在。"因此，这些岛屿被认为是早期地质过程的遗留物。根据陆桥说，在地质时期，发生在非洲和南美洲大陆北部中间大陆桥的下沉，要早于发生在亚特兰蒂斯（传说沉没于大西洋的岛屿）北部的。但根据大陆永存说，亚特兰蒂斯大陆的上升是不可能发生的。因此，这一植物区系的比例（已被动物学条件充分证实，且与地质学似乎并不矛盾）被排除在外，事实上它直接证明了非洲、欧洲和美洲大陆板块从南到北的分裂。这就是漂移理论所发现的情况。（显然，库巴尔特是正确的，他认为较古老的陆桥下沉说不应该被完全否定。读者将会发现，由陆桥说组成的观点具有实用性，并在本书中的多处得到体现，除了在大型海洋盆地问题上。）

我们可以去引用其他研究者的看法，他们支持前面提到的存在横跨大西洋陆桥的观点。并且，这些陆桥在今天很大程度上被肯定。至于蚯蚓分布所提供的证据，我们在后面将会回到这个问题上。

最著名的是德干高原和马达加斯加岛之间生物物种间的关系问题，据说涉及沉没的利莫里亚（传说沉入印度洋海底的一块大陆）。迪纳支持大洋永存说，他对这一问题做出如下表述："根据动物地理学，干旱的大陆连接印度半岛并穿过马达加斯加岛及非洲南部两端，这块大陆是二叠纪和第三纪的必然特征。这是因为，东印度群岛的冈瓦纳动物群（原生存于非洲南部）与欧洲的陆生脊椎动物一样，都源于非洲南部。进一步说，在白垩纪晚期，泰坦巨龙属以及与之有亲缘关系的斑龙经由印度移居到马达加斯加岛，这一定是在莫桑比克海峡形成前的里阿斯统发生的。在白垩纪前期，狭窄、细长的岛屿已经完全沉入海底，包括其中间部分，在德干高原和马达加斯加岛上能发现岛屿末端的痕迹。因此诺伊迈尔提到的埃塞俄比亚地中海，直到白垩纪都从属于特提斯海（古地中海），之后并入宽广、畅通的印度洋海域。"迪纳认为大陆的沉降深度超过了 4 千米，这片区域的地壳均衡被打破。我们假设这座陆桥通过压缩后形成了亚洲高地。动物地理学上的差别印证了这一事实——在分离之前，德干高原与马达加斯加岛是相邻的。这恰恰是漂移理论的优势所在。目前，这两大地区所在纬度截然不同，而气候类型具有相似性；赤道位于两者之间，动物群和植物群具有相似的物种。漂移理论解决了这个大分离导致的舌羊齿植物出现时期的气候难题。我们将在下一章的古气候学论证中，对此进行详细的论述。

B. 萨尼进行了更广泛的调查，他用冈瓦纳古陆上极地舌羊齿植物的分布情况来证实漂移理论优于陆桥说。然而这个问题仍存在不确定因素，因为所发现的资料过于零碎。有论文称，在非洲南部、马达加斯加、印度和澳大利亚的确存在连接的大陆。然而很明显，现在地球上彼此分离的各部分大陆相距甚远。以我所见，漂移理论相较于下沉说能提供一个更好的解释，这恰好是许多科学家坚信的、能在地球物理学方面站得住脚的证据。

澳大利亚的陆地动物对大陆漂移学说是很重要的。A.R. 华莱士把澳大利亚的动物清楚地分为三个不同的古老系统，最近赫德莱的研究也并未推翻这个分类。最老的系统主要见于澳大利亚西南部，它同印度、斯里兰卡甚至马达加斯加以及非洲南部都有亲缘关系。喜温动物是亲缘关系的代表，据我们的研究显示，避开冻土的蚯蚓也属此类。这种关系可以追溯到澳大利亚板块和印度板块相连的时候，该连接在早侏罗纪时期断绝了。

澳大利亚第二个动物区系种属是众所周知的其特有的哺乳动物，即有袋类和单孔类，它们与巽他群岛的动物分化完全不同。这些动物物种和南美洲的物种具有血缘关系。除了澳大利亚、马鲁古群岛和南太平洋诸岛，有袋类动物现在主要生活在南美洲（其中一个种属叫作负鼠，也见于北美洲），这一类动物的化石在北美洲和欧洲被发现，但没有在亚洲国家找到。甚至澳大利亚和南美洲有袋类的寄生虫也是相同的。E. 布雷斯劳（E.Bresslau）强调，在 175 种扁虫类中，有四分之三在两地都能见到。

他强调，吸虫类和绦虫类的地理分布和它们寄主的分布相符，但迄今为止人们对其研究甚少。不过也有学者提供了具有重要意义的事实证据：绦虫类只见于南美洲负鼠和澳大利亚有袋类和单孔类动物（针鼹鼠）的身体中。关于南美洲和澳大利亚动物的亲缘关系，华莱士认为："特别值得重视的是，对喜热的爬虫类来说，很难显示出两地有什么密切联系，而耐寒的两栖类和淡水鱼类则为亲缘关系提供了丰富的证据。"所有剩余的动物群也都具有相同特点。因此华莱士确信澳大利亚和南美洲之间即使存在大陆的连续性，其连接部分也必然位于寒冷的大陆一端。因此陆桥被指定为南极大陆，其位于最短的路线上，那么少数人认为的南太平洋陆桥被多数人反对就不足为奇了。南太平洋陆桥只在墨卡托投影的地图上似乎是最短的。因此澳大利亚第二个动物区系的种属要追溯到澳大利亚板块经由南极洲板块仍和南美洲板块相连的时候，即在下侏罗纪（当时澳大利亚板块与印度板块分离）和始新世（当时澳大利亚板块和南极洲板块分离）之间。由于现在澳大利亚的位置不再隔绝物种的交换，这些动物就逐渐侵入巽他群岛，所以华莱士不得不把哺乳类动物的界线划定在巴厘岛和龙目岛之间，进而穿越了马卡萨海峡。

澳大利亚第三个动物区系是距今最近的，它们从巽他群岛移居到新几内亚岛，并全面占领了澳大利亚东北部。澳大利亚野犬、啮齿类动物、蝙蝠等则是第四纪后移入的。环毛蚓属因为生存能力强，从巽他群岛入侵马来半岛后来到中国、日本东南沿海，并移居到整个新几内亚，而且在澳大利亚的北端也获得稳定的立足点。以上种种证据说明，从新近地质时代以来，动植物群进行了急速的物种交换。

图 6-6　有袋类物种典型代表——澳大利亚袋鼠

图 6-7　单孔类物种典型代表——澳大利亚针鼹鼠

这三个澳大利亚动物区系的划分与大陆漂移说极为相符。即使从纯生物学的依据上看，大陆漂移说也比陆桥沉没说更优越。南美洲和澳大利亚间的最短距离，即火地岛和塔斯马尼亚岛之间的距离，按照今天大的经度圈计算为80°，这几乎相当于德国到日本的距离。阿根廷中部和澳大利亚中部的距离与阿根廷中部和阿拉斯加之间的距离相等，也等于南非到北极的距离。难道有人会相信单凭一条陆桥就可以进行物种交换吗？而澳大利亚和距离它如此近的巽他群岛之间没有种属交换，对巽他群岛而言，澳大利亚就像是从另一个世界来的一样，这难道不奇怪吗？（根据我们的假说，澳大利亚与南美洲之间曾靠得非常近，而与巽他群岛之间则曾经有宽阔的大洋相隔。）我们的观点运用在地球物理学上是难以成立的，它不同于大陆下沉说的论证法。我们合理总结出了符合澳大利亚动物界的特点，这是任何人都不能否定的。实际上，澳大利亚动物群为整个大陆漂移问题的研究，在生物学领域提供了最为重要的资料。

关于新西兰早先陆桥的问题，我们似乎没有明确的认识。我们已经提到过，大部分岛屿因为侏罗纪的挤压运动而最先转化为陆地。当时，新西兰的大部分仍是澳大利亚大陆浅滩的一部分，发生挤压运动是由于其处于大陆位移的前端。在南面，新西兰与南极洲西部、巴塔哥尼亚相连。冯·伊赫林认为："在上白垩纪和下第三纪初，海洋动物开拓了几处畅通的'移民道路'，从智利向巴塔哥尼亚及反方向，还包括格雷厄姆地和南极洲其他地区，甚至远达新西兰地区。"根据P. 马绍尔（P.Marshall）的观点，那时新西兰的陆生植物不是今天植物的祖先，但橡树和山毛榉可能来自巴塔哥尼亚，它们通过南极洲西部到达新西兰，和浅海动物采用相同的路线。因此，当时不可能在澳大利亚和新西兰之间出现任何直接的大陆连接带。然而，在第三纪时，至少是在一定的时期内，一定存在这样连通的陆桥，使今天的植物能进行物种迁移。根据布伦德斯塔特（Bröndsted）对海绵动物的调查，至少在史前时期这些岛屿存在与澳大利亚相连的一片古老浅滩。

E. 梅里克有关小鳞翅目的著作对于解释新西兰大陆连接问题具有重要意义。除了证实非洲和南美洲之间有趣的关系之外，他还发现在南美洲和澳大利亚出现的代表许多物种的Machimia属在新西兰却完全不存在。草螟属出现在新西兰（当地有40个种），在南美洲以多种形式发展，而在澳大利亚只发现两类。换句话说，第一种情况说明，南美洲和澳大利亚之间存在陆间联系，而新西兰与两者分离开来；而第二种情况说明，新西兰和南美洲有连接的关系，而澳大利亚几乎被排除在外。

上面列举的事实显示出从南美洲出发的两条独立的迁徙路线：一条通向新西兰，可能途径南极洲西部、东部；另一条通往澳大利亚，可能途径南极洲东部。虽然就位置来说，新西兰更接近澳大利亚，但两者之间有真正的陆地连接却是短期的。由于我们对南极洲缺乏足够的认识，想要清楚地解释这些过程是十分困难的。

根据目前的认知，我们认为太平洋海盆一定是从古地质时期就已经存在的，不过也有一些研究者做出相反的假设。豪格认为这些岛屿仍然是下沉的巨大陆块的残留物；阿尔德特认为南美洲和澳大利亚之间的关系应与和纬线平行的横跨太平洋的陆桥有关，而且在地球仪上就能看到这些陆桥。冯·伊赫林也假设了太平洋大陆的存在，但其推理不能令人信服，H. 西姆罗斯（H.Simroth）等人也都证实过这个假设。

布克哈特（Burckhardt）也相信南太平洋大陆从南美洲西海岸向西扩展。然而，他的理由只来源于一项地质观察。但这个假设被西姆罗斯、安德雷、迪纳、泽格尔和其他人否定，其中包括为数不多的陆桥说信奉者之一阿尔德特。我们假定的太平洋在石炭纪时期以来就永存的说法，符合大多数观察者的想法。

从生物学的角度出发，有明显的证据证明太平洋比大西洋更古老。冯·乌必西写道："在太平洋，我们发现许多古老的物种，如鹦鹉螺、三角蛤和海狮科。"这些物种在大西洋是找不到的。科洛西强调，大西洋动物群与红海的相同，最明显的特点是，它只显示与相邻地区的亲缘关系，而太平洋的特征则显示它的动物群与很远地区的动物群存在分散的亲缘关系。太平洋地区显示的是远古时代定居物种的特征，大西洋则

图 6-8 鹦鹉螺

鹦鹉螺，1825 年由布兰维尔命名。鹦鹉螺属于海洋软体动物，共有 6 种，仅存于印度洋和太平洋。鹦鹉螺已经在地球上经历了数亿年的演变，但外形、习性等变化很小，被称作海洋中的“活化石”，在研究生物进化和古生物学等方面有很高的价值。

表现的是近期定居物种的特征。

N. 斯韦德琉斯（N.Svedelius）在一项有关热带和亚热带海洋藻类不连续分布的调查中指出：“值得注意的是，我的调查显示，藻类中大多数较古老的属明显地分布在印度洋—太平洋洋区，后迁移到大西洋。只有在一两种特殊情况下，才会进行反向迁移。因此，大西洋的藻类应该比印度洋—太平洋洋区的藻类出现得更晚。这与魏格纳的理论并不冲突，即大西洋远远年轻于印度洋、太平洋。”然而这些调查资料还不足以证明漂移理论的有效性。

漂移理论认为，太平洋群岛及其洋底是与大陆块分离的边缘地带，地幔之上的地壳通常进行东向渐慢而西向为主的运动。不考虑细节的话，最初岛屿应该位于太平洋边缘亚洲的一侧，在我们所考察的地质时期中，它们一定比现在的位置更接近亚洲。

生物现象似乎验证了这一想法。根据 A. 格瑞塞巴赫（A.Griesebach）和 O. 德吕德的调查，夏威夷群岛与当今的气流与洋流区域拥有亲缘关系最近的植物群，不是在古大陆时期，也不是在北美地区——距离它们最近的邻居。斯科茨贝里（Skottsberg）强调，胡安 · 费尔南德斯岛和最近的智利海岸几乎没有植物亲缘关系，但与火地岛、南极洲、新西兰及其他太平洋岛屿存在这种关系。此处应该强调的是岛上的生物现象通常比大陆的生物现象更令人难以理解。

在这里仍要提到最近的一些著作，特别是参考漂移理论的著作。1922年，伊姆舍尔（Irmscher）着手进行最大范围的有关植物分布和大陆演进的调查，他一直追溯到白垩纪时代。此调查的完整性是如今许多著作达不到的，如运用大量的地图进行说明。我们无法在这里对这个材料丰富的著作做过多的讨论。（冯·伊赫林不同意伊姆舍尔的观点，因为伊姆舍尔提出的在南美洲和大西洋发现的系列植物化石的日期，不同于第一次在这些地方发现这些植物化石的调查者提出的日期。首先，伊姆舍尔的观点并不像冯·伊赫林认为的那样先进行先入为主的主观表达，而是基于已有的经验知识。除此之外，经过修订的日期与最初的日期几乎没有任何差别。因此，最好将其视为对最初日期的更准确的描述，而不是改正。同时，W.柯本、A.魏格纳表示，在大多数情况下，最初的日期甚至更符合漂移理论和由其推导出的地极位移说。）调查结果证实了我们的结论，本书列举的以下三组紧密相连的因素形成了当今开花植物的分布情况：

（1）地极位移是形成植物、动物迁移交流的原因。

（2）大陆块大规模漂移，导致大陆整体结构发生变化。

（3）植物种属积极扩散并演化发展。

伊姆舍尔有意首先提到地极位移，其次是大陆漂移，因为在所考察的这段时期大陆从白垩纪开始延伸。根据植物的分布情况来看，越接近现在，地球上大陆的结构和如今结构的关系就越密切，大陆漂移的现象也越少。因此，第三纪和第四纪最值得关注的就是植物的分布。最重要的是植物分布证实了大陆漂移理论，尽管漂移说处于次要地位。伊姆舍尔说："我们发现的许多大陆永存说的证据并不能充分解释植物的分布情况。然而，在运用魏格纳的漂移理论时，我们证明了区域结构的特性和植物分布与魏格纳假定的大陆的命运是相同的。

"大陆永存说不能解释澳大利亚植物群之谜，而现在的第一个发现就完美地解决了这个问题。魏格纳关于大陆在中生代位移的假说，提供了唯一能解释这个令人难以理解的事实的关键原理，即澳大利亚的特殊热带物种与亚洲的物种不存在密切的亲缘关系。就现在的地理位置来说，这恰好符合亲缘关系的要求，特别是此处未受到地极位移的不良影响。假定的澳大利亚的早期位置，也解释了古老的植物群怎样保留于此直至今日而不受到干扰，以及物种的多样性如何得以保留并如何进行繁衍发展等问题。实际上，澳大利亚先与南极洲分离，后向北漂移，造成了澳大利亚大陆与周围彻底分离。我们可以发现，澳大利亚的植物种群和动物种群具有同样的模式……我认为在我们的调查过程中，不必去假定一个先前存在的太平洋大陆。"

可以看到，伊姆舍尔选择的论证道路是正确的。他没有选择将在地球物理学上完全站不住脚的大陆下沉的陆桥说与漂移理论进行比较，而是选择了永存说。但他也考虑到了大陆下沉的陆桥说，不过最终还是从植物学角度抛弃了这个观点。

伊姆舍尔说："上述的北美洲威尔考克斯植物化石发现于美国东南部地区，即得克萨斯州—佛罗里达州。根据贝瑞的著作，在始新世时期，英格兰南部的阿勒姆湾植物区系与其亲缘关系最为密切。如果我们现在根据魏格纳假定的始新世时的两极位置画出环绕全球的赤道线，那么在欧洲，这条赤道线大致会经过地中海地区，英格兰将刚好距离赤道15°；在亚洲，这条赤道线会通过印度和其附近地区。如果我们假设大陆目前的位置是永久不变的，那么对美国来说，赤道将穿过哥伦比亚和厄瓜多尔，与北美洲的威尔考克斯植物区的距离超过 30°。两个植物区几乎处于同一纬度，这使得陆桥假说缺乏解释力，因为威尔考克斯植物分布在比英国南部更北的地区，但它们需要相同的气候条件。如果我们依照魏格纳的想法，把美国放在欧洲或是非洲，两个条件就都能满足，不仅两个植物区在同一纬度，同时也满足气候条件类似这一要求。在这种情况下，我们只能用漂移理论去解释，尽管陆桥说确实能解释现在分离大陆为何存在相似的植物群，但不能提供气候相似的证据，而永存说也不能完全解决这个问题。”

伊姆舍尔在文中说：“我们所做的对两处植物区系的证明，同样适用于多个出现在热带的植物种属。只有美国在移动到区域 2（欧洲和非洲）时，才能在同一纬线圈上得到复原的区域。根据现在的大陆结构，赤道距离区域 1（美洲）过于偏南。我们已经提出这个问题并找到解决方法，即移动美洲大陆板块。这是首次从生物地理学角度证明漂移说优于陆桥说。”

伊姆舍尔最后考虑到的那些问题引导我们去进行古气候学研究，我们会在下一章进行详述。伊姆舍尔这部重要著作的延续，是 W. 斯图特（W.Studt）的论文，即松柏类现在和以前的分布，以及它们的区域分布历史；F. 科赫之前也写过同类的文章。虽然两人在关于植物学的一些问题上意见相悖，但是关于大陆漂移问题却得出一致的结果。科赫认为：“现在的松柏分布和松柏类化石产地完全符合地极位移及大陆漂移论，并且只有借助它们才能做出合理解释。”他继续说：“我们现在明白了，为什么有亲缘关系的南洋杉出现在两块被广阔的大洋分隔开的不同大洲，为什么罗汉松种不仅生长在新西兰、澳大利亚和塔斯马尼亚，而且也生长在非洲南部、巴西南部和智利。”

同样，斯图特认为：“现代松柏和其古代化石的分布可以由大陆漂移说进行最简单且不相矛盾的解释。北美洲和欧洲的白垩纪植物具有密切的亲缘关系，这就要求两块大陆之间有连接带。同样，侏罗纪植物群是善于传播的物种，尽管其传播的可能性被限制，但在彼此分离的各个地域均有这一植物群被发现。只有漂移理论能符合大陆连接的要求。”斯图特认为，根据漂移理论的假设，相较于大陆的早期位置和现在的位置，松柏类的区域分布与气候带的分布更加符合。

W. 米夏埃尔森（W.Michaelsen）关于蚯蚓的地理分布的著作，也是对漂移理论的很好的验证。因为蚯蚓不能忍受海水或冻土低温（除人为因素以外），所以很难进行迁移。

米夏埃尔森指出，自己在运用永存说解释蚯蚓的地理分布时遇到困难，而漂移说则以出人意料的方式完成了这一解释。他说：“我在上文已进行详细阐述，说明了许多相互关系，即那些五大陆生的和三大淡水生的蚯蚓类型通过什么方式横跨大西洋，还有它们之间规律性的、近似平行的关系，都证明其有着相关的跨洋关系。魏格纳的理论立即解释了这些关系。假如有人设想，将脱离欧洲和非洲向西漂流的美洲大陆恢复到原来所在的位置，并且靠近欧洲—非洲复合体，那么大西洋两边分离的部分基本上会形成一个统一的地区……”北大西洋的跨洋关系与近期的生物种群有关联，而南大西洋则跟古老种群有亲缘关系，这也符合假定的观点，即大西洋从南向北逐渐开放。

在讨论过澳大利亚、新西兰和印度的复杂关系后，米夏埃尔森继续写道：“魏格纳的漂移理论为印度寡毛纲动物群的多种跨洋关系提供了极为简单的解释。根据魏格纳对石炭纪时期大陆相似地结构的一幅草图来推测，我们首先可以看到，印度最前端（在喜马拉雅褶皱之前）一直延伸到马达加斯加岛。印度以西的部分，即今天与八毛蚓同进化系列的寡毛纲动物的栖息地迈索尔；直接加入马达加斯加岛地区，即与八毛蚓同进化系列的寡毛纲动物的第二栖息地。我们还可以发现，澳大利亚一新西兰一新几内亚大陆的南面和南极洲相连，向北，即新几内亚岛北端与前印度洋和东南亚半岛之间连接马来西亚的板块（后孟加拉湾）相通。假定在地质时期早期，澳大利亚板块位于澳大利亚西部和印度的东部边缘，这将形成单个和连续的传播线，一条是从印度南部通过斯里兰卡最后到达西澳大利亚最南端（巨蚓属），另一条从印度北部穿过新几内亚到达新西兰（八毛蚓），或到达昆士兰北部、新西兰和澳大利亚东南部（外周蚓）。”应当指出，新几内亚岛是北方那条传播路线上的真正成员。在澳大利亚与南极洲分离后，新几内亚岛被迫向东北移动，再回到其西北部的前端，被推至马来大陆中……由于受到此灾难性事件的影响，新几内亚岛和马来大陆联系最密切的地区遍布了传播能力最强的环毛属，并在马来大陆占据主导地位，这类蚯蚓属淘汰了新几内亚岛当地较古老的寡毛纲动物群。这样一来，新几内亚岛的分离导致印度北部与新西兰之间的传播路线变长，但此长度还不足以解释早先的大陆直接连通问题。到环毛蚯蚓引起灾难时，新西兰必定已经从新几内亚分离了出去，澳大利亚大陆也不能保留与新几内亚的连接带。而据分析，一定出现了一片狭窄的浅海隔断了两块大陆，因为最多只有一种环毛蚯蚓（昆士兰以北特有）能够抵达澳大利亚大陆。进一步来看，至少新西兰和澳大利亚一定在很早时期就被浅滩分隔开来，因为新西兰显示的与澳大利亚的关联性很微弱……大概是因为新西兰的中间部分最先从澳大利亚板块中以弧形形状分离出去，其南部和塔斯马尼亚仍存在联系，北部和新几内亚也保持关联。之后，新西兰南部末端和塔斯马尼亚分离，北部末端与新几内亚分离……或许在昆士兰南部和新西兰北岛，新喀里多尼亚和诺福克岛这条路线，能给巨蚓属提供迁移的条件，不过我不能接受新几内亚这条路线，因为，巨蚓属于典型的澳大利亚南部的属。

米夏埃尔森总结说：“我认为我对寡毛纲蚯蚓分布的调查的结果并不与魏格纳的漂移理论矛盾。相反，应该把我的论证作为大陆漂移说的有力证明。如果能从其他方面获得该理论的最终证明，那么可以就某些细节问题去充实这个理论。

图 6-9　三叶虫化石

三叶虫，属节肢动物门，已经灭绝。它们最早出现于寒武纪，在古生代早期达到顶峰，此后逐渐减少至灭绝。

图 6-10　寒武纪奇虾

寒武纪奇虾，已灭绝的大型无脊椎动物，在中国、美国、加拿大、波兰及澳大利亚的寒武纪沉积岩中均发现其化石。据推测，此类动物极有可能是活跃的肉食性动物。

图 6-11　2.5 亿年前南极树木化石

图 6-12　珊瑚礁

珊瑚礁是珊瑚虫骨骼化石，名字来自古波斯语 sanga（石）。珊瑚虫是一种海生圆筒状腔肠动物，食物从口进入，食物残渣从口排出，它以海洋里细小的浮游生物为食，在生长过程中能吸收海水中的钙和二氧化碳，然后分泌出石灰石，变为自己生存的外壳。

图 6-13　海牛

海牛，海洋哺乳动物，形状略像鲸，前肢像鳍，后肢已退化，尾巴圆形，全身光滑无毛，皮厚，灰黑色，有很深的皱纹。以海藻或其他水生植物为食。

“最后还要补充说明的是，魏格纳是在我向他提供了寡毛纲蚯蚓的分布情况后，才在他关于漂移理论的修订版著作中加入相关的事实证据，以证明自己的理论。之所以这么说，是因为在我看来，寡毛纲蚯蚓的分布更有助于增强其理论的说服力。”

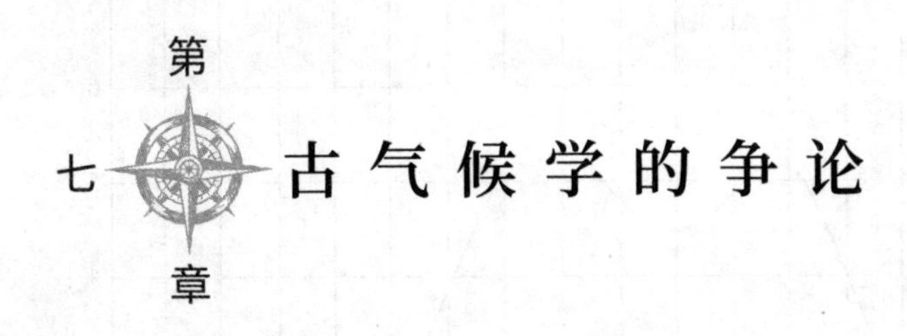

古气候学的争论

这一章的主要任务是解决地质学中的气候问题。大陆漂移仅仅是众多气候变化的一个成因，对较近的时期来说，它甚至不是最重要的因素。我们唯一要处理的问题是，探明早期的气候资料能为漂移理论的有效性提供多少证明，在此我们只引用所需的能证明气候变化的化石证据。实际上，我们几乎排除了第四纪发生的冰川作用，因为在这一时期，各大陆相应的位置和今天的类似，所以论证漂移理论的古气象学证据是很少的。

而古老的地质时期有最显著的证据证实漂移理论，且支持漂移理论的学者不在少数。

为形成正确的观点，需要两个必要条件：一是了解当今气候系统以及气候对有机和无机世界的影响，二是了解与气候有关的化石证据以及对这些证据的正确解释。但目前学界对这两个问题的研究尚处于起步阶段，今天仍存留许多悬而未决的问题，因此我们要更加重视目前已取得的研究成果。

作为补充，根据 V. 帕欣格（V.Paschinger）和 W. 柯本的研究，我们在图 7–1 中给出不同纬度的雪线高度。雪线在副热带无风带达到 5 千米以上的最大高度，在广大高山地区雪线的位置更高。这幅图适用于独立

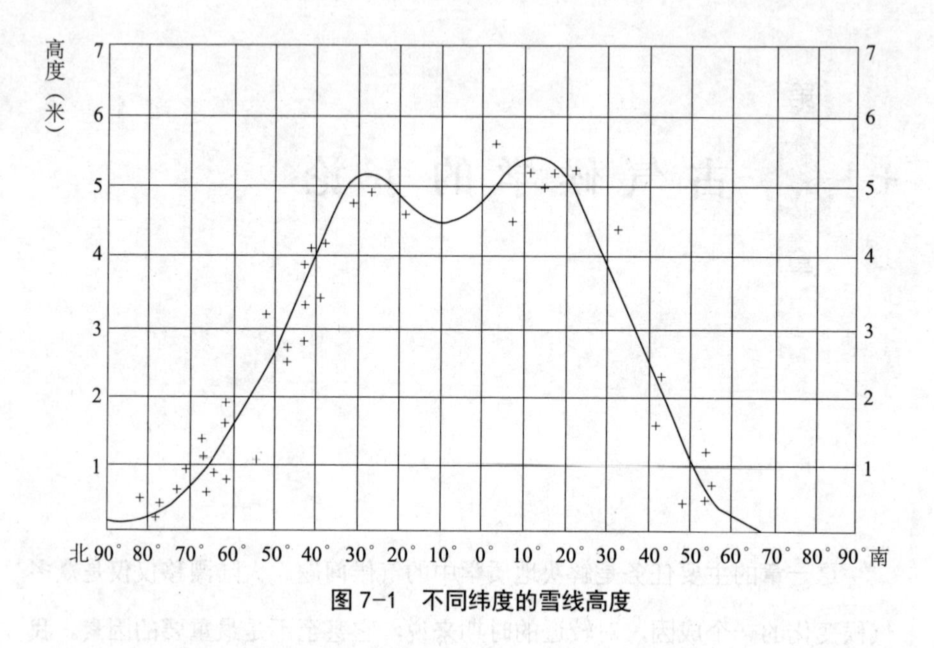

图 7-1 不同纬度的雪线高度

的山脉或是群山。

气候系统对地质和生物的影响是极其广泛的。我们将结合目前可利用的与气候有关的化石证据讨论这些影响。

或许最重要的气候证据是前内陆冰盖留下的痕迹。内陆冰形成的必要条件是夏季低温，而大陆中心地带年温度变化大，并不具备这种条件。极地气候并不一定是由内陆冰留下的痕迹推测出来的，但如果能找到这种痕迹，则一定是极地气候存在的证明。极地最常见的是冰砾泥，这个名称恰如其分地表达出其为最优质和最粗糙的物质的混合。冰砾泥最具代表性的是冰碛石。早期冰砾泥通常凝固成岩石，即冰碛岩。我们可以描述出阿尔冈纪、寒武纪、泥盆纪、石炭纪、二叠纪、中新世、上新世和第四纪时期的这类岩石，但不巧的是，这些前内陆冰盖最常见的形态有时难以和其他“假冰川”（由普通岩屑堆积形成的砾岩）区别开来。这类“假冰川”砾岩存在于岩石磨光处，表面也有划痕。此种岩石表面有“伪装”的纹路，但这些纹路实际上是与邻石摩擦而成的。通常来说，人们认为，只有在基碛冰砾泥下探测到露出的岩石的光滑表面，才能确定岩石的性质。

另一个重要的气候证据是煤的形成。人们认为这一过程发生在泥炭层。一片水流的流域要转变为泥炭层，必须保证流域内的水是淡水，因此这个过程只能发生在地球上的雨带，而非干旱区，也就是说煤的形成是在湿润气候区，可能是赤道多雨带、温带或是大陆东部季风区的亚热带湿润性气候区。今天，在赤道地区，还有潮湿的亚热带和温带，许多沼泽地都有泥炭形成。北欧存在目前发现的最早的泥炭沼泽是第四纪和晚第四纪时期形成的。因此，单单从煤层的分布我们不能得到任何关于气温变化的线索，但可以从煤层中和附近河床处发现的植物群的遗迹中获得。一个小的关键点（然而不应被高估）就是，在其他条件相同的情况下，煤层的厚度与植物生长速度有关，茂盛的持续生长的热带植物能产生比温带更深厚的泥炭层。

有关气候类型的一组极其重要的证据是干旱区的产物，特别是岩盐、石膏和沙漠砂岩。岩盐是由海水蒸发形成的。在多数情况下，这是因为海水入侵（海进），陆地由于板块运动全部或部分与外海隔离。在雨季，这些入侵的海水日益淡化稀释，例如波罗的海。然而，在旱季，海水蒸发量大于降水量，如果入侵的海水完全被切断，这一区域因不断干燥而缩小，岩盐溶液浓度变大，最后就会形成岩盐沉积。在这个过程中，石膏最先沉积，然后是岩盐，最后是易溶的钾肥岩。石膏沉积面积最大，我们能发现散布于其中的岩盐岩层和在一定范围内出现的少见的钾肥岩。在被以前的沙漠变成硬砂岩的移动沙丘覆盖的地方，很少有动植物有机体生活。这些证明干旱气候的证据不如石膏和岩盐可靠，因为沙滩和沙丘也能在潮湿的气候条件下形成，例如现在的德国北部，还有的在内陆冰边界前形成，例如冰岛的冰水沉积平原。在温度条件方面，这些砂岩的颜色提供了一种不是很有说服力的证据：在热带和亚热带，砂岩呈现红色；在温带和高纬度寒带，则是黄色和褐色；在热带地区海岸、沙滩，则呈现白色。

至于海洋沉积物，它们处于厚石灰层，只能位于温暖的热带和亚热带海域。尽管细菌活动发挥了一定的作用，但海洋沉积物在热带和亚热带出现的原因很可能是：极地寒冷的水域能溶解大量的石灰，因此海洋沉积物处于不饱和状态；而温暖的热带水域能溶解的石灰有限，海洋沉积物处于饱和或超饱和状态（参考锅炉水垢或水壶上的水垢）。这显然也与热带生物，尤其是珊瑚和钙质藻类、贻贝和蜗牛的排泄量有关。在极地气候中，沉积形成大量石灰岩床通常是不可能的，因为在低温的深海中，石灰岩会从海洋沉积物中消失。

除了关于气候的非生物证据外，我们还有动植物方面的生物证据。当然，对待这方面的证据要更加谨慎，因为生物体对气候有很强的适应能力，因此，仅凭一种发现，是无法获得结论的。但如果我们放眼于某一时期动物和植物的整体地理分布，就能够得到实用的结论。通过对世界各地同期的植物种群的比较，我们能够得到确定性结论，如哪一种群生活在温暖的气候区，哪一种群生活在较寒冷的气候区。我们推测的气候绝对值属于较为年轻的地质层，因为近期的地质层中的植物和今天的大致相同，对于较古老的植物，其生存的绝对温度很难确定。树木年轮缺失是热带气候区植物的特点，而温带气候区的树木年轮能被明显观察到。尽管如此，这一规律的例外现象也并不罕见。在树木高大的地方，我们可以推测出，在史前时期，最热月份的温度超过 10℃。

动物界也提供了许多气候证据。爬行动物不能产生足够的热量以保持体温，在冬季难以抵御严寒，因此这类爬行动物只有小到能够依靠躲藏来抵御严寒时，才能在这样寒冷的气候下生活，比如蜥蜴、草蛇。此外，如果该区域（如极地地区）没有夏季般的高温，爬行类动物的卵将不能在日照下孵化出来，所以它们通常无法生存下来。因此，能得出的结论是，热带或至少是亚热带地区是爬行类动物发展繁衍的繁盛地带。食草动物能提供的证据是植被和降雨量方面的。如马、羚羊、鸵鸟是跑步高手，它们的躯体结构适宜于生活在大型广阔开放的空间，这表明它们的生活所在地是草原气候；而猴子和树懒是攀爬高手，因此居住在森林中，生活所在地具有森林气候特征。

在此讨论所有气候证据的细节是不可能的，不过上文的讨论应该能大致描绘出人们是如何得到有关史前气候的结论的。

与气候有关的化石证据显示，史前时期地球大部分地区的气候和今天的截然不同。正如我们所知道的那样，亚热带、热带气候贯穿了欧洲的大部分地质时期。最晚到第三纪伊始，欧洲中部还是赤道雨林气候；随后，在第三纪中期，伴随大型岩盐类沉积的形成，干旱型气候开始形成；到第三纪末，欧洲的气候大体与今天的相同；之后伴随第四纪的冰川作用，欧洲北部形成极地气候。

图 7-2　马达加斯加岛的珍稀野生物种节尾狐猴

节尾狐猴又称环尾狐猴，原始灵长类动物，吻部长、两眼侧向似狐，因尾具环节斑纹而得名。多5～20只成群，栖于多石少树的干燥地区。善跳跃攀爬，是地栖性较强的狐猴，主食昆虫、水果等。

图 7-3　树懒

树懒，哺乳纲披毛目下树懒亚目动物的通称。外形略似猴，动作迟缓，常用爪倒挂在树枝上数小时不移动，故称为树懒。树懒是唯一身上长有植物的野生动物，它虽然有脚但是不能走路，靠前肢拖动身体前行。主要分布于南美洲。

气候变化极其显著的例子是在北极地区，其中以斯匹次卑尔根岛最为著名。这一地区和欧洲之间存在一片浅海，是欧亚大陆的一个组成部分。如今斯匹次卑尔根属于极地气候，并有内陆冰覆盖，但在第三纪早期（当时中欧位于赤道多雨带区）这里有茂密的森林，并且存在着比今天的中欧还要丰富的物种。不仅有松树、冷杉和紫杉，还有酸橙树、山毛榉、杨树、榆树、橡树、枫树、常春藤、黑刺李、榛树、英国夏花山楂（树）、绣球花，甚至还有喜在较暖地方生长的睡莲、胡桃、落羽杉、巨杉、梧桐、栗树、银杏、木兰以及葡萄等。这样看来，第三纪早期，斯匹次卑尔根的气候一定与今天的法国气候相仿，这意味着当时的年平均气温大约要比现在该地的气温高 20℃。如果我们退回到更久远的地质时期，还能找到更多此地处于暖温带的证据：在侏罗纪和早白垩世，斯匹次卑尔根有西米棕榈（现在发现于热带）、银杏（现仅发现于中国和日本的南部)、树蕨类等植物。此外，远在石炭纪的地层中，我们不仅发现了厚厚的石膏层（说明此处处于亚热带，气候干燥），而且发现此处的植物也具有亚热带植物的属性。欧洲经历了从热带转变为温带的巨大气候变化，而斯匹次卑尔根经历了由亚热带气候到极地气候的转变。这一变化使人联想到，两极和赤道位置的变化导致整个区域气候系统的改变。在同一时期的南非经历了巨大而完全相反的气候变化的例子，即可证实这种想法的正确性。在石炭纪时期，南非为冰川覆盖，属于极地气候，而今日则位于亚热带气候区。

这些已经完全被证实的事实只承认地极位移这一种解释。我们还可以通过一个测试进行验证：如果通过斯匹次卑尔根和南非的经线发生最显著的气候变化，那么东经 90° 和西经 90° 这两条经线，在同时期发生的

图 7-4　极地气候景观（南极）

图 7-5　极地气候景观（北极）

图 7-6　热带雨林气候景观

图 7-7　温带大陆性气候景观

图 7-8　热带草原气候景观

气候变化一定是零或是十分微不足道的。实际上也是如此，至少从第三纪以来，在非洲以东 90° 的巽他群岛一直是像今天一样的热带气候，这表现在目前岛上所存留的许多古老的植物和动物上，如西米椰子和貘。当时南美洲北部所在位置和今天一致，貘之类的物种至今还生存在这里，但在北美洲、欧洲和亚洲则只找到了这一物种的化石，在非洲甚至连化石也找不到。当然，恒定性气候在南美洲北部远不如在巽他群岛完整，我们将在后面发现，这其实就是大陆漂移的结果。南美洲曾经不在斯匹次卑尔根—南非所处的西经 90° 经线上，而在距离西经 90° 很近的位置上。

不过不足为奇的是，那些试图探寻古气候变化的学者，早就已经反复参考了地极位移的理论。赫尔德（Herder）在他的《人类历史哲学的概念》中提到运用地极位移理论来解释古气候，之后，这一理论获得了许多学者不同程度的支持，如 J.W. 伊凡斯（1876）、泰勒（1885）、勒费尔霍茨 · 冯 · 科尔堡（1886）、奥尔德姆（Oldham）（1886）、诺伊迈尔（1887）、纳特霍斯特（1888）、汉森（Hansen）（1890）、森珀（1896）、戴维斯（Davis）（1896）、P. 雷毕希（P.Reibisch）（1901）、克莱希高尔（1902）、戈尔菲耶尔（Golfier）（1903）、西姆罗斯（1907）、J. 沃尔瑟（J.Walther）（1908）、横山（Yokoyama）（1911）、达凯（1915）、凯瑟（1918）、埃卡特（Eckardt）（1921）、考斯马特（1921）、斯蒂芬·理查兹（Stephan Richarz）（1926）等。T. 阿尔德特等也开始在著述中探讨地极位移学说，之后支持地极位移学说的学者数像滚雪球一样增长。

以前，这一理论经常被地质学家反对，直到诺伊梅尔和纳特霍斯特的著作问世。随着关于地极位移的著作出版，支持这一理论的地质学家数量缓慢增长，普遍反对该理论的情况也慢慢发生了改变。如今，具有压倒性数量优势的地质学家都支持 E. 凯瑟的《地质教科书》中的观点，也就是认同第三纪发生的巨大地极位移是难以避免的，尽管一些反对者仍拒绝接受这一令人难以理解的观点。

然而，不可否认的是，确定两极和赤道在整个地质时期的位置的尝试是混乱的。对地极位置初步地系统论证主要是其他领域的专家努力的成果，但这种论证从未获得认可。许多著者都对此做过努力，如勒费尔霍茨·冯·科尔堡、P. 雷毕希、H. 斯姆罗斯、克莱希高尔和 E. 雅克比提（E.Jacobitti）等。可惜的是，雷毕希把这种位移看作只在两极附近小范围内发生的周期摆动。这一观点虽然从白垩纪岩层之上的岩层来看是正确的，但是不符合陀螺自旋的物理定律。无论如何，这种说法没有足够的证据，并且和观察到的事实相矛盾。斯姆罗斯搜集了大量生物学资料来证明地极摆动说，其中包含了可以证明地极位移的有利证据，但这些并不能证实想象中的地极来回摆动的严格规律。显然，更正确的做法是运用归纳法，即单纯从与气候有关的化石证据推导两极的位置，而不对这个问题持任何先入为主的想法。克莱希高尔就采用了这个方法，他的著作观点清晰、详尽、明确，重视真实的气候证据，但是却陷入对山脉排列的不成熟的教条看法之中。对于较近时代的地极位置，上述所有关于 W. 柯本和我的讨论都得到几乎相同的结论：北极的位置在第三纪初位于阿留申群岛附近，之后向格陵兰岛方向移动，第四纪时到达格陵兰岛。（最近冯·伊赫林用一种不同的方式，即运用来自南美洲的大量生物证据重新证明了第四纪早期极点的位置；W. 柯本对此进行了参考。显然，冯·伊赫林自己更愿意通过洋流模式的改变解释这些论据，以推测极点的位置。但我不能接受这种观点。不过，我们无法在此详细讨论这个问题，因为这个问题超出了本书的研究范围。）就这几个时期来看，地极位置并没有很大的差异。但在白垩纪之前的时代，许多著名学者的见解存在分歧，有些学者先前假定的大陆位置的不变性使问题陷入无望的矛盾中。在这种假定下，所有能设想到的两极位置都无法成立。

如果有人从大陆漂移理论出发，即依据漂移理论在图上绘制出相关时期的与气候有关的化石证据，这些矛盾就会消失。因为根据这些证据绘制的气候区域就是我们今天所熟悉的气候带：有两个干旱带，干旱带之间是一个沿着纬线环绕地球的潮湿带，这些证明了此处处于热带炎热的气候区。除这些区域之外，每个半球都存在两个湿润区，此处还发现了极地气候的证据：从湿润区中心到 90° 纬圈，最接近潮湿带的纬度；从湿润区中心到 60° 纬圈，最接近干旱带的纬度。

我们现在把石炭纪作为最古老的时期，这是根据已提出的大陆漂移学说所绘制出的地图而定的。在这里，我们遇到的最难的问题是关于古气候学的，也就是有关石炭—二叠纪冰川作用的证据。

今天的南半球大陆（包括德干高原）在石炭纪末二叠纪初全部被冰川覆盖，但除德干高原外，这一时期的北半球大陆没有被冰川覆盖。

在南非，学者已经完成对这些内陆冰痕迹的最准确的研究。1898 年，G.A.F. 莫伦格拉夫在旧洋底首次发现光滑的冰层岩基，消除了关于冰碛石属于德韦卡冰碛岩的长期疑问。随后的调研给我们详细描绘出了冰川作用的示意图，尤其是 A. 杜·托伊特的调查结果。我们能在许多地方从光滑岩体的划痕中看到冰川运动的方向，从中可以确定一系列冰川作用的中心和向外的作用力。中心主体运动的细微时间差说明最大冰层厚度由（今天的）西部转向东部。从南非第 33 条向南的平行线看，冰砾泥散布在海洋沉积物中，似乎是冰川作用的延续物。对这种现象的唯一解释是，内陆冰作为漂浮的屏障在此处终止运动，就像是今天由冰碛覆盖的底边出现融化迹象的南极大陆位于早期海洋沉积物之上一样，属于冰川的自然延续部分。因此雪线也必须与海平面等齐。南非冰层覆盖范围之大，几乎相当于如今的格陵兰岛，这代表我们在讨论一个真正的内陆冰盖，而不仅仅是山地冰川现象。

而在马尔维纳斯群岛、阿根廷、巴西南部、印度以及澳大利亚的西部、中部和东部都发现了冰碛沉积。在这些地带，冰川属于硬化的冰砾石，这种判断完全确保了整个冰川层的相似性。冰碛沉积覆盖整个内陆冰盖，如南非。在南美洲和澳大利亚发现的几处叠置的冰砾层，其间插入了间冰期的沉积物，正如北欧的第四纪冰川和间冰期。再如，澳大利亚东部的中心区新南威尔士州有两大冰碛层，这两大冰碛层由于含煤的间冰期地层而分离开来。因此，这里曾两度被内陆冰覆盖，在间冰期，冰碛层的上面曾一度出现淡水湖泊，而后湖泊变成了沼泽。新南威尔士州以南的维多利亚只有一个冰碛层，新南威尔士州以北的昆士兰州则根本没有冰碛层。澳大利亚东部最南端在间冰期不断被冰层覆盖，中央区域两次被冰层覆盖，而北部剩下的大陆完全没有遭受冰川侵蚀。因此，澳大利亚正如我们所熟知的欧洲和北美洲的第四纪冰期一样，开始出现完全相同的形成模式。在澳大利亚，冰川和间冰期的交替可以归因于地球轨道的周期性变化、地轴的倾斜以及太阳常数值这些因素。在整个地球的演化进程中，一定会发生这样的变化。然而，最显著的影响可能仅仅是内陆冰覆盖极地冰冠的时候。以上这些迹象明显表明，南半球大陆在石炭—二叠纪冰期是真正的内陆冰大陆。

然而，这些石炭—二叠纪冰期出现的冰川作用的痕迹现在散布于各处，遍布地球近一半的表面。

假设我们把南极放在能观察到的最适中的位置，即这些冰川作用痕迹的中心——大约在南纬 50°、东经 45° 处。那么，与此极地定位相应的赤道地区将是这番景象：在距离赤道 10° 以内的地区，内陆冰川痕迹最远到达巴西、印度和澳大利亚东部；极地气候因此盛行于赤道附近的地区；北半球与设想的一样，只有像斯匹次卑尔根一样的热带和亚热带的气候证据。这样的结论是荒唐可笑的。早在 1907 年，当在南美洲发现的一系列证据不能被学者认可时，高研（Koken）曾试图解释冰川痕迹这一类的证据，并运用反证法进行验证。他的结论是：显然没有其他假设是可信的，因为即使是高地扩展也不能在热带地区产生内陆冰，所以冰川痕迹都是在高海拔地区的这一解释是唯一的解释。此外，这些观察到的

图 7-9 石炭—二叠纪冰期

现象反而说明了南美洲的雪线下降到海平面的位置。在这之后，没有人再尝试根据气象学对此进行研究。

如果这些证据都与大陆静止说相矛盾，我们该如何看待大陆漂移说呢？各大陆是永久静止的，一直被视为先验的、不需证明的真理。但事实上，这不过是必然要被证明与所观察到的实际情况相反的假说。

我们不会从参考文献中引用证据来支持我们的观点。显而易见，我们无须外界观点的支持，因为那会使我们的研究更盲目。对我们来说，现在不是在质疑陆块是否漂移的问题，而是解决陆块是否依照特定的大陆漂移理论发生了漂移的问题。

首先，我们不应该忽略一个事实，那就是在许多地区发现了石炭一二叠纪的砾岩层，这些岩层被地质学家看作是由冰川作用形成的，而它们的位置和大陆漂移理论的假设在一定程度上难以吻合。

举例来说，在非洲中部发现石炭一二叠纪（包括第三纪）的砾岩，已经被定义为南非德韦卡砾岩，并被当作内陆冰盖的底碛。刚果地区在石炭一二叠纪的冰川痕迹可能和大陆漂移说相关（然而第三纪的痕迹不

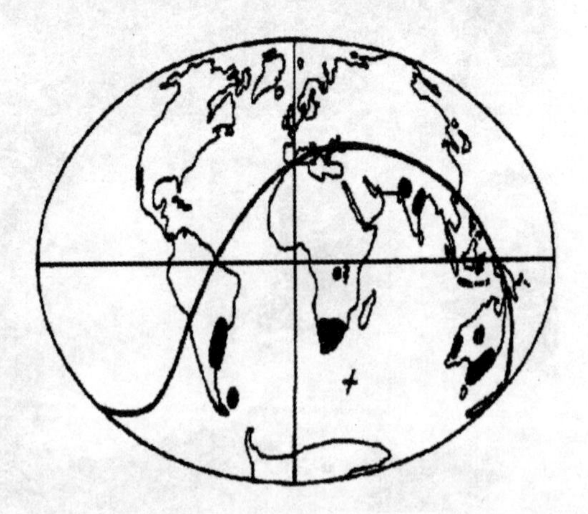

图 7–10　石炭一二叠纪内陆冰川在今日各大陆上的痕迹（十字架表示南极最适中的位置，连续曲线是赤道）

是很明显）。依我来看，这里所需要的不一定是气候方面的假设。如何证明极地气候的存在，上文已有所描述，那些带有磨光面的“假冰川”砾岩能在完全不同的气候条件下（尤其是干旱气候）形成，并且这已经得到证实。在刚果尚未发现磨光的岩石下有“假冰川”砾岩，迄今为止，只发现了“假冰川”作用的典型痕迹。相反，我们缺少对这些冰层的认知，甚至不是很确定其是否属于石炭—二叠纪。这似乎表明冰层的不同构造是在完全不同的气候条件下形成的，所以，不论怎样，都不能将冰川痕迹视为可信的证据。我们同样反对那些认定内陆冰北部边界可能在非洲南部的说法，也很难相信另一个分离冰冠在同一时间在非洲的中部形成。因此有人认为，目前不将非洲中部的砾岩作为气候证据是合理的。而我认为这些“假冰川”的属性不久将会被揭示。

更容易证实的例子是薛尔特（Koert）在多哥（西非国家）发现的石炭—二叠纪砾岩。依据目前的观察情况，这种砾岩仍被称为冰川砾岩，其实这并不严谨，依我看，它们很可能是在干旱气候下形成的。

还有在北美洲和欧洲发现的一系列砾岩，被当作冰川痕迹，但它们完全不符合大陆漂移理论所展现的全貌。

同样，W. 道森在 1872 年于加拿大新斯科舍省发现冰川痕迹，由科尔曼在 1925 年证实。S. 魏德曼（S. Weidman）1923 年在美国俄克拉荷马州的阿尔布克尔和威奇托附近也发现这些痕迹，J.B. 伍德沃斯 1921 在俄克拉荷马州发现了藤孔状页岩，乌登（Udden）在西得克萨斯发现二叠纪冰层，苏斯米尔希（Sussmilch）和大卫（David）也提到科罗拉多州的喷泉状砾岩。这些地区的证据被绝大多数地质学家认为是“假冰川”。就这一说法来看，他们是正确的，因为对冰川现象的解释和这些地区的证据相矛盾。冯·瓦特斯舍特·冯·德·格拉赫特（Waterschoot van der Gracht）对此问题表达了以下看法：“我们必须谨慎看待冰碛岩。在得克萨

图 7-11　冰川侵蚀地貌

图 7-12　冰川堆积地貌

斯州、堪萨斯州、俄克拉荷马州，特别是科罗拉多都能够发现石炭—二叠纪砾岩，我认为将其中的任何一处定义为冰川砾岩都是有待证实的。我们熟悉的暴雨出现在沙漠或是干旱区的边界地带也不会令我们感到惊讶。我们也不会惊讶于破裂的岩石、许多岩石碎块和部分有棱角的岩块，因为瞬时而猛烈的洪水的发生，会形成很厚的沉积岩层。泥浆和河水混合而成的洪水（且泥浆多于河水）具有巨大的重力，不仅能裹挟巨大的岩石，而且能避免任何的淘选。我们能在所有沙漠看到相同的形成过程，包括美国西部。”“单块大岩石在其他中细粒花岗岩海洋沉积物中不需要由浮冰运载。在运载大块岩石时，大树同样能发挥这样的作用，古树用树根将之运到湖面。”

“即便是磨光的和挖出的岩石仍缺乏被冰川作用的痕迹，但这些岩石除了出现很密集的刮痕之外，质地还很坚硬。而与冰川巨岩、漂砾十分相似的来自欧洲西北部的二叠纪砾岩，带有明显冰川作用痕迹的这类岩石，现在却只被当作山体滑落时的岩石碎块。1909 年我也曾经错误地把一块欧洲砾岩描述成冰碛岩。”

除了上述例子外，还有一个特别值得关注的现象，即在美国波士顿附近发现的石炭—二叠纪砾岩，被命名为海滨冰碛岩。R.W. 萨尔斯（R.W.Sayles）对此给出了精确的描述。这些沉积岩覆盖的面积几乎和冰岛的瓦特纳冰川一样广阔。砾岩中的磨光岩石被看作被挖出的巨岩的岩屑。在它附近所发现的硬岩层类似于瑞典德吉尔研究的第四纪年融基层。而全部这些证据可能是“假冰川”现象导致的，因为在冰碛岩下的磨光岩石至今仍未被发现。

正如我最近所指出的，从气候学角度看，学术界对这类海滨冰碛岩存在严重质疑，认为其与大陆漂移理论无关。北美洲石炭—二叠纪时期的气候证据（一组数量巨大的数据）明确显示，美国西部的干旱沙漠气候贯穿整个时期，尽管东部仍位于石炭纪的赤道多雨带，但二叠纪同样包括炎热的沙漠地区。证明这些气候的证据主要是岩盐、石膏沉积和珊瑚礁。现在，在气候影响下，这类沉积岩形成的雪线在地球表面上达到了最高海拔。在石炭—二叠纪，美国地区的雪线在海拔 5 千米以上。这似乎完全不可能，因此，人们猜测，有一个质量相当于瓦特纳冰川的大冰块曾位于此处。或是许多人相信，冰山漂浮在形成珊瑚礁的海域中。不过这是不符合自然规律的，因为气候不可能同时具备冷热两种性质。冰川形成于高海拔处这个想法也不能使人信服，但我认为这很有可能。

因此，海滨冰碛岩会像许多砾岩一样，变成“假冰川”。

在此应该指出的是，从气候学的角度去怀疑海滨冰碛岩具有冰川的属性，这种疑虑产生于北美地区的沉积岩。这两种岩层在时间和空间上相邻，也就是说，由这种疑虑产生的对漂移理论的反对意见与漂移理论没有任何关系，并且不应借助漂移理论来说明，而是需要其他的解释。

因而，关于海滨冰碛岩的问题，我们必须通过大量可靠的、能互证的证据来证明，而不是依据一种与此相偏离的、在多数情况下是假想的证据。

我详细论述了石炭—二叠纪的“假冰川”现象，是因为到目前为止似乎仍然只有我一个人反对海滨冰碛岩是冰川的解释。因此，我不得不详尽地列举出反对的理由（看来只有冯·瓦特斯舍特·冯·德·格拉赫特和我有共同的疑惑）。我们现在转向考察石炭—二叠纪时期，看看在大陆漂移理论的框架下可靠的气候证据是如何被连续发现的。

图 7−14 和图 7−15 标注着主要的证据（字母 E 表示真正的冰川作用的痕迹）。我们观察到，所有冰川冻结的区域是以南非为中心，以 30° 纬线到赤道的距离为半径的圆形地表。当代极地气候的迹象仅出现在与当今气候系统相同的地区，这很好地佐证了我们的理论。（在这里提出的

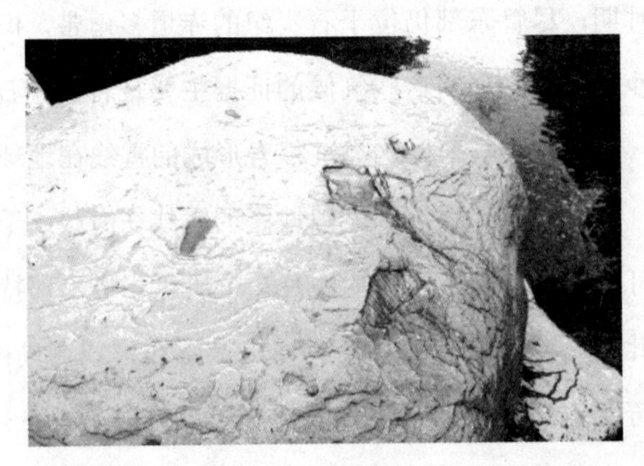

图 7−13　冰碛岩

反对意见是错误的，南半球大陆的冰期不是完全同步的，如果我们单单假定地极位移（非常广泛且迅速）的作用，我们就能确定现在大陆的位置。但是，澳大利亚的第一次冰期发生在石炭纪的早期，还有南美洲和非洲南部，并且如果考虑到南极的大型迁移，北极将不得不跨越墨西哥，

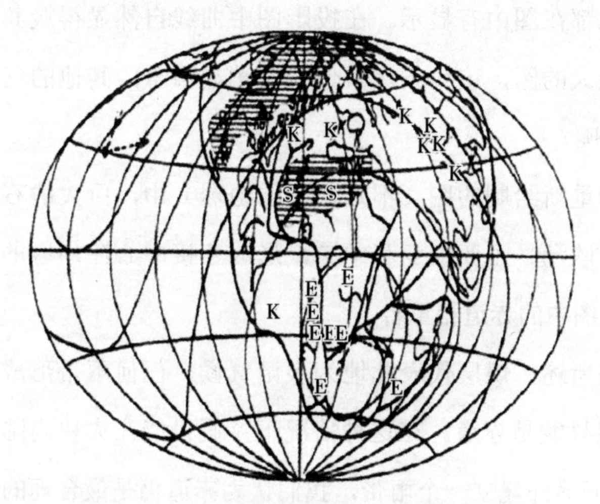

图 7-14　石炭纪时期的冰川、沼泽和沙漠

E代表冰川痕迹，K代表煤，S代表岩盐，G代表石膏沉积，W代表沙漠砂岩，阴影处为干旱区域。

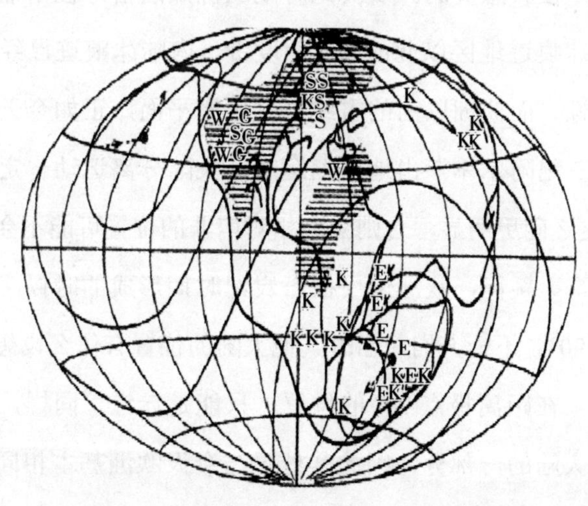

图 7-15　二叠纪时期的冰川、沼泽和沙漠

E代表冰川痕迹，K代表煤，S代表岩盐，G代表石膏沉积，W代表沙漠砂岩，阴影处为干旱区域。

而这里是炎热的沙漠气候。所以整个地表关于气候分布的其他所有证据，显然与两个极点大范围位移的观点相矛盾。〕为什么北极没有发现和南极一样的大量的内陆冰呢？答案是，北极在太平洋上远离了所有的大陆。

图 7-15 中冰川中心是南极，从这点展开，赤道、30° 纬线、60° 纬线和北极也都在图中有显示。在投影图中曲线自然显得极其弯曲；赤道是地球上最大的圆，该线条比其他线条稍显粗重。其他的气候证据如何在图中标注呢？

在我们重新绘制的图（不是现在的地球）中，巨大的石炭纪煤带遍布北美洲、欧洲、小亚细亚和中国，形成连接中心冰川区的大圈。这个大圈和复原图中的赤道相重合。

如前文所述，煤层代表此地为多雨气候。任何雨带形成的环绕地球的环形显然只能是赤道。在这种情况下，假设能在大块内陆冰的中心到 90° 纬度之间另外建立一个雨带，我们认为赤道仍是最合理的位置。

无论我们是否以大陆漂移说为出发点进行考虑，能意识到煤层代表多雨气候是很有意义的。石炭纪时期欧洲煤层恰好位于非洲南部，同时期有内陆冰痕迹地区以北的 80° 纬度带，内陆冰痕迹已经完全被证实并具有可信性。而非洲以南的雪线延伸至海平面，正如今天的南极洲地区。根据第三纪阿尔卑斯山地压缩运动，大陆分离运动一定在石炭纪的 10°~15° 纬度之间更明显，否则欧洲相对南非的位置可能不会出现本质区别。因此，毫无疑问，欧洲煤层在石炭纪时期形成的时候，距内陆冰区的中心正好 90°。不管人们对当时其他大陆的位置有什么设想，以上观点都是成立的。在距离极点 90° 的位置，只能是赤道。同样，斯匹次卑尔根属于欧洲大陆的一部分，因此其处于与今天欧洲基本相同的位置。其大型石炭纪石膏层代表亚热带干旱气候，这表示它北部的亚热带气候带分布在北纬 30°。

综上所述，无须参考大陆漂移理论，欧洲石炭纪煤层在赤道多雨带形成是必然的。

这一证据十分有说服力，相比之下其他所有证据都有些逊色。然而，我们自然有理由询问石炭纪欧洲煤层中保留下的植物的属性，并用邻近的岩层支持这一结果。H. 波托尼（H.Potonié）对此做出了最权威的论证，他的研究在今天看来仍是最全面的，也是最好的。单从植物学角度出发，波托尼得出结论，石炭纪时期的欧洲煤层曾是泥炭沼泽，其和热带低洼沼泽具有相同的性质。

波托尼列举出的原因并不令人信服，因为很难推测这种古老植物的气候特征。他的反对者一直强调他的学说的不确定性因素，其中包括许多古生物学家。而值得关注的一点是，（据我所知）反对者不能根据波托尼引用的植物找到其他可能的气候学解释去推翻波托尼所列举的证据，或是通过发现其他植物推导出其他的气候类型。波托尼的反对者提出的反对观点是一般性的。正是出于这个原因，他的植物学推论很难被质疑。他认为说明某种植物起源于热带主要有六种特征：

（1）到目前为止，可以根据化石中的蕨类的繁殖器官判断其与今天生长在热带的很多植物的亲属关系。其他的特性中，值得提到的是石炭纪蕨类和合囊蕨科间的关系。

（2）石炭纪植物中，树蕨类、藤蔓或缠绕蕨类植物占据主导地位。即便在今天以草本植物为主的种群中，这类植物也具备生长优势。

（3）许多石炭纪的蕨类植物，比如栉羊齿（古植物），无脉羽叶（具有不规则锯齿叶缘），残缺的羽片着生于羽轴的两侧或腹面，它和完整的羽片有显著的差别——完整的羽片缠绕在一起。这类无脉羽叶只能在今天的热带蕨类植物中被发现。

（4）大量的石炭纪蕨类植物的蕨形叶只在热带地区出现，并且蕨形叶占据面积较大。

（5）石炭纪欧洲树木的枝干中完全缺失年轮，因此它们既不是周期性干旱也不是周期性寒冷导致的生长中断。这里我们补充一点：在法兰克福和澳大利亚发现，石炭—二叠纪树木带有明显的年轮，依照图 7-14 和图 7-15 显示，两个地方的树木都位于高纬度区。

（6）茎生花类树木（树木茎干上会开出花朵）同时具有芦木科和鳞木科的属性，后一种鳞木科还有封印木科属性……现在，茎生花类的树木（树干、树枝）几乎都生长在热带雨林之中……或许它们曾为获取阳光而激烈竞争。繁盛的热带植物实际上只有生长于树顶的植物叶片需要阳光，而繁殖器官较少接触到阳光。但不论在何种情况下，这些器官也不会妨碍叶片发挥重要的功能。

尽管这些论断可能不是确切的，但可以肯定的是：这种植物不会生活在今天发现的极地气候区和温带气候区，而是只生长在热带和亚热带气候区；运用不同的更可靠的方法，这些论断能很好地证明我们的结论，即煤层形成在赤道多雨带。

波托尼的反对者认为，我们在此处讨论的是亚热带气候而不是热带气候。我不知道这种说法是否成立，但我给出的理由是，现在的赤道多雨带不存在泥炭沼泽，以前也不会出现。有一种说法认为，高温会更快地分解植物，沼泽超过了一定的温度就不会形成。近年来，泥炭沼泽在赤道多雨带被发现，并且遍及各处，尤其在苏门答腊、斯里兰卡、坦噶尼喀湖和圭亚那。还有许多人准备去探寻刚果河、亚马孙河流域的沼泽地带，虽然这些还是未知的，但那些河流中茶色的浑浊的水可能会证明泥炭沼泽的存在。由于无法靠近沼泽地带，人们还缺乏对它们的认知，因此反对意见只不过是因为误解而引起的。当然，沼泽的形成促进了石炭纪时期赤道岩层的相对运动。沼泽的形成和岩层运动同时发生，这些运动过程阻碍了自然水流的运动，从而又导致大量沼泽形成。

所列举出的树蕨类植物和频繁发现的石炭纪煤层，是假设亚热带气候的另一个证据。今天亚热带地区出现的煤层要多于热带地区，而且多在有雨水浇灌的山坡上。然而，这不是决定性因素。在赤道多雨带的泥炭沼泽中，蕨类植物很少见。假设其在石炭纪能更好地适应雨林的环境，那么在今天很可能已经被更先进的物种取代。但对比今天的亚热带地区，所看到的现象并不完全符合这个学说。现在这一干燥带直达东部大陆边缘的季风湿润区，从气候学看，这意味着主要的石炭纪煤层不能适应现在的亚热带气候。煤炭区可能会适应热带气候或是低温气候，但蕨类植物不可能适应低温气候。

即便波托尼的论证因为他误解气候学上的第三纪褐煤而被很多著者怀疑（这里不涉及古生物植物学的争论，根据与气候有关的证据，我想借此机会谈一下中欧。中欧无疑在第三纪早期仍处于赤道多雨带，在第三纪中期，部分位于亚热带气候区，部分在干旱区，直到第三纪晚期气候才大致与今天相同。中欧的第三纪煤层一定是在各个时期不同的气候条件下形成的。在此要注意的是，比起煤层内植物所提供的单一证据，通过当时留下的与欧洲气候有关的全部化石证据，我们能够推测出更可靠的气候环境），但我们不能忽略：每一次否定提出的论点都没有波托尼的观点可靠，波托尼的观点足够去支持欧洲具有热带性质的石炭纪煤层这一论述。

整个争论是围绕煤层具有热带性质还是亚热带性质展开的，这种争论是在不确定的基础上进行的，而这一不确定性正好是古生物群造成的。同样，在此我必须要重复的是，煤层位于距当时冰川中心约 90° 的大圆圈上，证明了煤层位于赤道多雨带。这个问题也如我上文提到的一样，与大陆漂移说无关。

漂移说只是作为补充，使这一观点更加完整，证明巨大的煤带位于欧洲之外。如果不考虑大陆漂移的因素，现在这一煤层带的位置会与理论推测的位置出现矛盾。

现在普遍认为，在北美洲、欧洲、小亚细亚和中国的石炭纪煤层，具有同类植物区系和相同的气候条件。欧洲煤层一定源自赤道多雨带，同理其他地区也是如此。欧洲的所有煤层并没有位于同一纬线，这些坐标的位置是证明大陆漂移说的直接证据。

根据克莱希高尔绘制的石炭纪时期的世界地图，还有他设想的赤道位置，第一我们会发现，如果忽略大陆漂移说，欧洲、非洲和亚洲所在的位置和我们描绘的大陆漂移时期的地图大体一致。然而，根据气候学证据，该图的赤道不经过美国东部，而应该经过其不可能经过的南美洲，因为在南美洲南纬 10° 附近，有内陆冰的扩张现象。第二，印度和澳大利亚有冰川痕迹的位置尤其值得去注意。第三，石炭纪主要煤炭带的煤层厚度是很有参考价值的，它能证明煤层起源于赤道多雨带。相对较薄的煤层形成于二叠纪时期的大陆南部，在融化冰盖的底碛上（见图 7-15）。还有相关的植物证据，如草本蕨舌羊齿，应属于极地气候植物。我们所讨论的大陆南部，靠近极地多雨带，同样形成于第四纪；第四纪后期，欧洲北部和北美洲则出现泥潭、沼泽。煤岩层和舌羊齿植物所在的地区也要纳入考察范围，因为现在它们所在的气候区是经历很长时间形成的。

石炭—二叠纪时期气候的其他数据同样证实了我们在图 7-14 和图 7-15 中呈现的观点，图中环带状证实了按照大陆漂移说所假定的各大陆的位置。

在包含干旱区的两个亚热带气候带中，北部气候带在石炭—二叠纪时期很好地延续着。研究不仅限于证实其存在，还发现它在二叠纪向南方行进，因此，赤道多雨带在欧洲和北美洲被干旱气候取代。石炭纪时

图 7-16　蕨类植物化石

期，大型石膏层位于斯匹次卑尔根大陆下和北美洲的西部（图 7-14 所示），北美大陆上的石炭系红色岩层表明这里曾是沙漠气候。赤道多雨带只存在于北美洲东部。而在二叠纪，全北美大陆和欧洲都是沙漠，在纽芬兰多数是石炭层，岩盐覆盖过去的煤层（图 7-14、图 7-15）；同期，爱达荷州、得克萨斯州和堪萨斯州出现大型石膏矿层，并且堪萨斯州有岩层沉积。在欧洲，大规模沉积岩在二叠纪时期形成，在德国、阿尔卑斯以南、俄罗斯的南部和东部都有发现。

单独看德国，阿尔德特计算出存在九个二叠纪岩盐层，其中最著名的是斯塔斯弗沉积。这种欧洲气候带的向南位移，还有在北美洲同时进行的东南向移动，都一起随从南非向澳大利亚方向运动的大陆进行位移。这也表明在二叠纪发生了地极位移，尽管很缓慢。

如果根据目前的观察结果得出结论，那么，南半球的干旱带，在石炭纪时主要在撒哈拉地区留下了痕迹，那里生成了为数众多的大型盐矿，此外还有埃及的荒漠砂岩。当然，对于这些沉积矿床，尤其在确定其准确年代方面的研究，远不如对欧洲沉积岩的研究深入。

然后是爱尔兰到西班牙和密歇根湖到墨西哥湾的石炭纪珊瑚礁，以及二叠纪时分布于阿尔卑斯、西西里岛、亚洲东部的形成石灰岩礁的李希霍芬石，这些也都可以归入证明气候带的证据中。

很明显，这不仅是石炭—二叠纪时期冰川作用的痕迹，而且是那个时期气候的全部证据。按照漂移理论，假如那时候南极位于非洲南部的位置，那么，那一时期地球上就形成了一个与今天完全一致的气候系统。然而，若按照当今大陆的地理位置，把这些数据整合成一个可识别的气候系统却是完全不可能的。因此，这些观测结果构成了证实漂移理论有效性的最强有力的证据。

当然，如果只列举石炭—二叠纪时期而不是整个连续的地球演进时代，古气候学证据将是不完整的（至于更早的地质时期，目前还没有发现太多古气候学证据，因为缺乏地图学基础）。但实际并非如此，我和W. 柯本曾在书中提到，我对每一个地质时期的考察运用的方法都和石炭—二叠纪时期相同。本书不进行重复讨论，因此读者需要参考W. 柯本和魏格纳的著作。但是，最终结论没有变化：如果我们以在大陆漂移理论基础之上重构的地球复原图为依据，气候证据就基本上是按照今天的气候系统排列的，但如果根据现在大陆的位置，那气候证据就是与气候系统矛盾的。越接近现在，与气候有关的证据就越少，当然，气候证据与气候系统的矛盾也就出现了（由于大陆的位置和今天的越来越接近），也就有更少的可靠证据证实大陆漂移理论。

至于其他方面，需要注意到的是，古气候学证据、地极位移证据在地质时代的后期都具有重要的作用。地极位移和大陆漂移从形式上相互补充，形成其基本原理。这一基本原理将之前看似自相矛盾、混乱无序

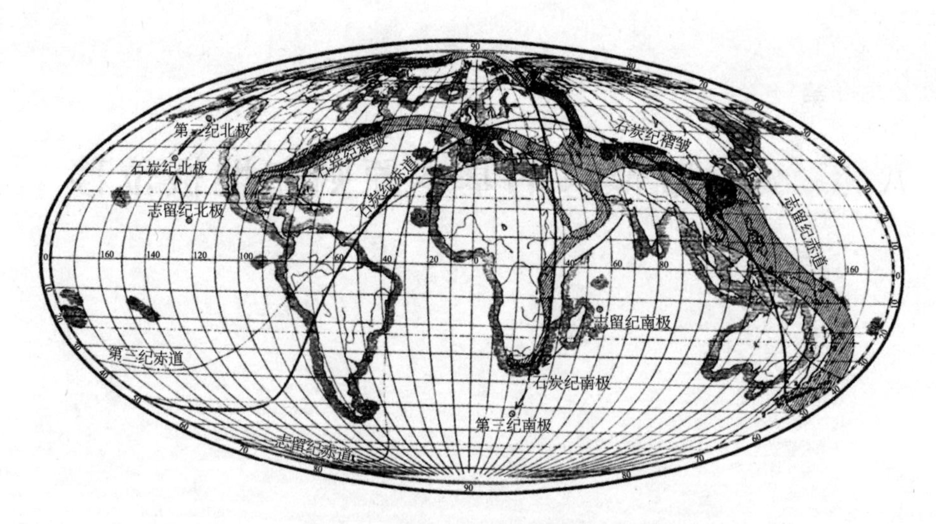

图 7-17　石炭纪褶皱和赤道的位置（据克莱希高尔绘）

的事实联系起来，并形成了一种令人震惊的简单的模式，并且由于它与当今的气候系统完全类似，从而极具说服力。然而，这主要是大陆漂移说发挥的作用，如果没有大陆漂移说，地极位移充其量只能解释近期出现的问题。

第八章 大陆漂移的基本原则和地极位移

迄今为止，在已有的文献中，“大陆漂移”和“地极位移”这类表达有时被用于完全不同的理解中，而且文献中对它们之间相互关系的理解仍有一些混乱，我们只有进行精准的定义才可以解决这一问题。

漂移理论的主张与大陆的相对位移是有关联的。大陆的相对位移，是指地壳相对于任意选定的参照点而言所产生的相对位移。特别需要指出的是，图 2-19 显示的是各大陆相对于非洲的大陆漂移（位移），所以，在所有重新绘制的复原图中，非洲都被画在相同的位置上。我们将非洲作为参照点，是因为这块大陆代表以前原始大陆的核心区域。如果我们只考虑地球表面的一个部分，那么自然会把参照点放在这个有限的区域内，并将此参照点的位置固定下来。参照点的选择是一个纯粹的实用性问题。由于地理监测系统引入了经度的变化，这一参照点可能会产生变化，所以未来的大陆漂移可能将以格林尼治天文台作为参照点。

为避免任意选择一个参照点，有学者认为，或许可以定义均衡的大陆位移，这种位移不是相对于一个参考系，而是相对于整个地球表面。然而，他们这种想法在实际应用中会产生很大的困难，因此目前不予以考虑。

重要的是，我们需要意识到用非洲作为参照点是完全任意的。莫伦格拉夫强调，大西洋中脊的移动表明非洲从原始大陆向东移动。我没有从他的陈述中发现任何反对大陆漂移理论的观点。相对于非洲，美洲和大西洋中脊在向西移动，美洲的移动速度为大西洋中脊的两倍；相对于大西洋中脊，美洲向西移动的速度和非洲向东移动的速度大约持平；相对于美洲，大西洋中脊和非洲同时向东移动，而非洲的移动速度比大西洋中脊的快两倍。根据运动的相对性，以上三种观点是一致的。但我们一旦选择非洲作为参照点，便不能按照定义给这个大陆分配一个位移。我们已经指出，选择参照点应该按照最实用的原则，即不是选择地球表面上一个单独的部分，而是整个地球表面。

地极或地层的经度变化仍未在大陆漂移的定义中提及。我认为，重要的是要把这些概念与大陆漂移学说区分开来。

地极位移是一个地质学概念，因为地壳的最上层组织是地质学家最容易接触的部分，并且地极前的位置只能通过气候变化的化石证据推算得出。化石证据来自地表，因此，我们必须将地极位移定义为一种地表现象。也就是说，地球表面纬线系统的转动与地球整个表面的转动相关，或者说，整个地表转动与纬线系统的转动相关（这说的是同一件事情，因为运动是相对的）。这种转动，必须围绕不同于地球自转轴的轴才能行之有效。这是地球内部的问题，地极运动不论是相对于纬线系统、地表还是第三种可能性都处于静止状态。以上推论是在定义中忽略了相对旋转而得到的，因此从这种意义上讲，地表的地极运动只能通过远古时期气候变化的化石证据来证明，地球物理学无法对地极位移的真实性或可能性做出任何判断。

当然，因为同时发生了大陆漂移，所以界定地极位移的定义是十分困难的。如果不存在大陆的漂移，可以根据与气候有关的化石证据，直接对两极的位置进行比较，这样就能立刻找出地极位移的方向和范围。但如果在所考虑的两个时间点之间发生大陆的移动，在两幅考虑到了大陆漂移说的复原图中，通过气候方面的证据，我们可以发现地极坐标位置，但同时出现了一个无法解释的难题：我们不知道如何在时间 2（大陆移动后）中定位这个不变的地极位置，从而使之与时间 1（大陆移动前）上的地极位置相对应，然而，只有确定这种“固定不动”的位置才能建立矢量位移，才能计算出地极位移的方向和范围。

有一种假想可能会成立：我们假设地图上的经纬网在时间 1 中牢牢印刻在地表上，然后在时间 2 上经纬网将因为大陆漂移而发生弯曲。如果我们现在查询与发生弯曲的版本最吻合的、未经改变的经纬网，那么它们的地极在时间 2 内未发生改变。对经纬网位置和时间 2 的地极（源于有关气候变化的化石数据）位置进行比较，就能得出在时间 1 和时间 2 中地极位移的范围。

这一成果对研究地极位移具有绝对的重要性。但由于我们在上文提到过的难点，还未有人对其进行测定。许多学者也一直满足于参照某一任意选定的大陆板块对相对地表的地极位移进行测定。W. 柯本和我再次选择非洲作为参照点，并描绘非洲的漂移。如果选择另外一个大陆作为参照点，地极位移将完全不同。只有在不存在大陆漂移时，我们才会发现，不管选择哪一部分大陆，都会产生相同的、绝对重要的地极位移。地极位移的研究结果有多大的差异，是由所选定的参照点，即大陆板块的不同决定的。图 8–1 对此有所阐释，图中所示的是始于白垩纪时期的地极位移，右边是非洲的位移情况，左边是南美洲的位移情况。

国际纬度服务（简称 ILS，成立于 1899 年）的观测表明，地极位移正在发生。这种位移也只能发生在地表。地极位移知识的发展是具有里程碑意义的，其中推断出当今进行的地极位移是最近取得的一大成就。

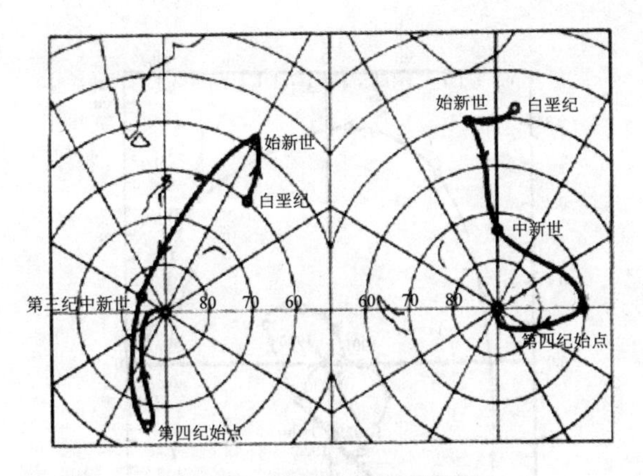

图 8-1　南极漂移示意图

左图：南美洲—南极移动路径（箭头顺序依次是：白垩纪、始新世、第三纪中新世、第四纪）；右图：非洲—南极移动路径（同上）。

1915 年，B. 瓦纳奇最先推导出位移的平均位置，但他没能在当时证明它。我们在这里不需要相关的数学工具，因为这一移动十分微小（1912 年前，我已经在《彼得曼文摘》第 309 页提及，用眼睛能观测到极点坐标描述的曲线中心的系统性位移，而且很容易就能看到对称的形状）。1922 年，第一个可靠的证据由兰伯特提出，而最近 B. 瓦纳奇根据国际纬度服务观测数据的变化重新推导了地极位移。我们在图 8–2 中引用了 B. 瓦纳奇的例证，图中数据十分清楚地显示了地极位移的范围。众所周知，整体的地极位移遵循一条确切的循环路径，由于旋转的极点（相对于瞬时轴）围绕着与惯性轴相对应的极点移动，现在，其半径较大，而曲率半径较小。

现在，地极位移在理论上并不符合相对的关于单个大陆的地极位移，而是指整个地球表面的绝对地极位移，虽然这两者不完全相同。这是因为国际纬度服务的纬度监测站分布在世界各地。然而，严格地说，若要推断地极位移的绝对值，有必要在地表所有关键点处测量地极纬度，以便于国际纬度服务能为我们提供地极位移的近似的绝对数值。如果纬度

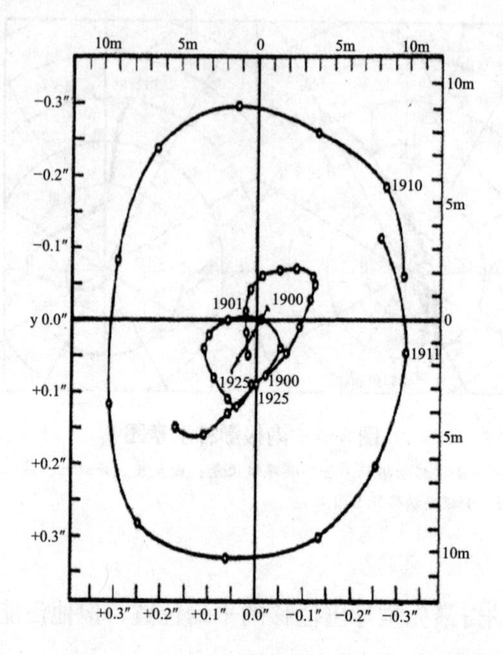

图8-2　1900—1925年地极位移示意图（据瓦纳奇绘）

服务站保持它们现有站点的位置，而不随大陆漂移改变，那么这个数值可能会是个精确的数值。然而从站点的实际位置上能看出，它们的确发生了移动，这引起了R. 舒曼（R.Schumann）的注意。他认为是偏离的地极路径造成系统误差，并不是服务站观察出现误差，然而其原因并不明确。

我认为对地极位移进行定义是非常重要的，因此，必须对位移到底是发生在地壳层面还是源于内部地轴的实质性问题做出判断。到目前为止，文献中的问题还没有得到解决，而且研究结果都是令人困惑的。目前，一直是地质学家用实证的方法在探测地极位移，且地极位移已经被地质学家根据纬度测定推断出来，但许多地质学家仍怀疑它在理论基础上的可能性，还有三分之一的学者提出折中的观点，认为地极位移不是内部地轴的移动就是下层地壳的旋转。为解决这个困惑，有必要构建更加严谨的概念，即定义地极位移发生在表面。这一次次的表面位移在过去的地质时期以及现代都被探测了出来，因而探讨它们存在的可能性是没有意义的。

关于地壳位移和地壳旋转，我们指的都是相对于地球内部的地壳的运动。地壳意味着地球内部的对立面，因此这个定义是自然形成的。我们掌握了许多证明地壳移动的证据，但是只能通过它们判断出地壳移动的方向，而非移动范围。

首先，有许多迹象表明地壳整体向西移动，因此是轴线前进，相当于围绕轴线转动。与此相关的现象是，小块大陆与大块大陆相比，位置滞后于东部，如东亚的边际岛屿链群，以及西印度群岛、南设得兰岛、合恩角与格雷厄姆地之间形成的岛弧；同样，大陆的突出部分向东弯曲，比如大陆架部分的巽他群岛、佛罗里达、格陵兰岛南端、火地岛和格雷厄姆地的北端；除此之外，还有斯里兰卡的分离，从非洲向东漂移的马达加斯加岛，从澳大利亚板块分离的新西兰岛；还有一个必须提及的，即南极洲板块和美洲板块碰撞挤压形成的安第斯山脉。的确，以上这些现象在大陆漂移说中首次得到解释，但它们象征一种惯常的向西的大陆板块的移动，而且由于与大洋底邻近的硅镁层有关联，因此这些现象意味着大陆块相对于潜在的硅镁层向西迁移。既然在全球都可以追踪到这些迹象，因此它们就构成了地壳整体西移的证据。实际上，地壳整体西移这一观点已在今天的地球物理学中被广泛使用。

另外，某些现象表明局部地壳发生了位移，即它们在向赤道迁移。理论上，这是可以预见的，因为存在一种力，这种力作用在大陆上，使之偏离南北两极。从阿特拉斯山脉一直到喜马拉雅山脉的巨型第三纪褶皱群表明，在赤道方向发生的板块挤压活动，可能仅仅是由于地壳基底层上的地壳移动产生的。

所有上述迹象都是间接的，更直接的是浅层地壳移动的迹象，它是由重力场分布不均导致的。我们现在必须对此进行更详细的讨论。

图 8-3 是一幅中欧重力失衡的地图。它就好像将整个地球的地形规划为海平面，并且从这个海平面零点起进行重力值测量。实际观测到的重力加速度一如既往地减少了，也就是说，除了减少的海平面零点以外，还要从结果中除去海平面之上的物体重量。我们不停地将减少的实验值与重力正常值做比较，然后绘制出所讨论地点的地理纬度位置，并将两者的差值——重力异常值——表现在地图上。这个数值直接为我们显示了山脉下方的巨大落差，在一定程度上弥补了由地壳均衡运动造成的落差。考斯马特阐述道："由此我们只能得到许多地球物理学家已经阐释过的相同结论，而且海姆也说过，实验值的减少不是密度压缩造成的落差，而是由于褶皱作用。上面的部分、地壳相对较轻的部分变得更加密集，并且形成凸起部分沉入塑性底层。褶皱的幅度不仅仅是向上生长，也有由于重力作用向下的，褶皱上冲断层在一个更大的褶皱下冲断层中有它的对应物。"根据地图我们推断出，地壳硅铝层底部的相似地势在阿尔卑斯山的下方，因为在那儿重力异常值达到最高负值，硅铝层底部也深深嵌入硅镁层。

然而，我们更重要的任务是精确地比较出地下层褶皱群的位置和相关山脊的位置；为此，我们要求读者参考相关的图集。这样，我们将很容易发现反向重力异常的现象，这种现象正有系统地向东北方向移动。

这一突出现象预示着地下层隆起、倾斜并且整体或多或少地向东北方向迁移。确切地说，这意味着欧洲大陆潜在的硅镁层向西南方向移动。在此期间，进入硅镁层下层的部分会受到摩擦阻力的影响。如果我们有类似的关于全世界重力异常的解释，那么无论如何，所有近期发生的大陆块增厚的现象，我们都可以认为其运动方向与潜在的硅镁层相关。这

图 8-3 中欧重力失衡图（据考斯马特绘）

似乎是能确定地壳迁移的唯一的直接方法。在欧洲，板块向西南移动，因此可能有向西漂移的力对应着地壳整体向西的旋转，而向南的力则对应着地壳向赤道的移动。

那么，我们现在试图回答的问题就是——浅层地极的位移是否可能产生于地壳下层的移动。

显然，在有关地壳整体旋转的问题中，这个旋转轴是与地球自转轴完全不同的。然而，观察结果表明这样的地壳旋转是整体向西的，也就是说，自转轴的转动方向是自西向东的。有人认为，在地球表面的结构中，任何一次围绕完全不同的轴所进行的地壳旋转都会被探测到，因此，上述观察并不能为这个问题的解决方案提供支持。那么理论到底说明了什么？这一理论支持两个内容：地壳朝赤道方向的移动和地壳整体向西的旋转。这两个位移表明，地壳位移是凭借重力作用、潮汐和一种行进中的力远离两极的。显然，不可能从理论上解释地壳整体的自转一定发生在与地球自转轴完全不同的轴上。许多研究人员持折中的观点，认为地极位移可以解释为地壳整体的旋转，但他们缺乏经验和理论上的支持，因此这个观点对我来说未必是正确的。然而如果这个解释是错误的，那么浅层地极位移仅可能来自地球内部的轴向位移。

轴向位移直接表现出了轴在一种介质内部围绕其周长的转动，因此我们应当只在这个意义上使用这一表达，同时还要区别于地球内部的轴向位移和天文学上的轴向位移。此处，我们只谈论前者。

针对明显的浅层地极位移是否源于内部轴向位移的问题，有人采用了理论和实际相结合的方法。就理论方面而言，许多研究人员已反复宣称，内部轴向位移所需的数量级是不可能存在的。为证明这一点，兰伯特和施韦达尔曾计算认为，亚洲大陆在北纬 45° 处的位移将引起地球惯性主轴 1° 到 2° 的转动。很明显，由杰出的地球物理学家给出的这些论断和数据，给地质学家带来了很深的影响，他们无法测试和评估计算背后的假设。这些论述也因此造成了令人困惑的现状，而消除这一困惑是地球物理学家的迫切任务。

在此，开尔文（Lord Kelvin）、鲁茨基和夏帕莱利（Schiaparelli）的观点应当引起人们注意。开尔文说：“我们不仅能承认其可能性，而且还能断言其最高程度上的可能，那就是最大惯性轴和自转轴总是互相接近，两者可能早在古代就从它们现在所在的地理位置开始移动，它们可能已经移动了 10°、20°、30°、40° 或是更多的度数，任何时候都不会出现重大的海陆扰动。”鲁茨基同样认为：“如果古生物学家确信过去的气候区在过去的地质时代显示的自转轴和现在的轴完全不同，那么地球物理学家能做的唯有接受这个假说。”

夏帕莱利在一篇鲜为人知的文章中更详细地解释了这个问题。W. 柯本对他的思想做了总结。其中，夏帕莱利讨论了三种情况：一是完全固态地球；二是完全流体地球；三是表现为固态地球，但一旦受到超出极限值的作用力就开始流动。在情况二和情况三中，轴向位移可能不受限制。

但为什么其他研究人员如此坚决地否认内部轴向位移呢？简单地说，是因为他们错误地认为在这些过程中椭球形地球上的赤道隆起位置保持不变！所有关于内部轴向位移的否定观点不仅毫无依据而且其假设也是令人无法接受的。

如果我们做出这一错误的假设，那么很明显，不用计算地球惯性主轴的移动，也能清楚地发现地球主轴和自转轴始终是固定不变的。地球的赤道半径比极半径长 21 千米，因此赤道隆起体现了环绕地球赤道的巨大质量，它对地球轴线的惯性矩远远大于对地球赤道直径的惯性矩。因此，最大的地质变化只会导致质量分布的变化，而这一变化与由于变平而导致的隆起相比，可以忽略不计。如果后者保持常量不变，人们可以看到，即使没有进行任何计算，地球的惯性主轴也只可能发生少量改变，而且转动轴必须总是围绕在惯性主轴附近。

然而，我必须承认，我很难理解当今人们怎么可能会认真地假定赤道隆起本应保持其位置不变，就像说地球是绝对稳固不变的一样。均衡说和大陆漂移说的出现足以证明，地球存在一定程度的流动性。如果是这样，赤道隆起也必须能够重新对自己进行调整。我们只需要遵照兰伯特和施韦达尔的思路：假设惯性轴（没有隆起变更）已被少量地质过程 x 取代，旋转轴必须随之移动。现在地球围绕轴进行旋转，这个轴与先前的略有不同。轴必须跟随赤道隆起去调整自身。地球具有一定的黏性特征，所以轴移动行进缓慢，可能轴在没有到达那个点之前就突然停止了。但我们不知道后者的可能性。作为基本原则，我们必须毫无疑问地假定重新完整的定位可以实现，即使所需要的时间很长。然而，一旦实现，我们需要在地质变化开始之后，补充相同的情况。地质驱动力一如从前，把惯性主轴的方向通过数量值 x 移动到同一方向，并不断重复这个过程。我们现在有连续的位移取代数值 x 单向位移，它的速度一方面由初始移动的数值 x 确定，另一方面由地球的黏度确定；直到地质驱动力失去作用，它才会停止。例如，如果这个地质因素源于中纬度某处大陆块的增加，当增加陆块到达赤道时，或者确切地说是当赤道到达陆块时，那么地极位移就会停止。

当然，这个问题还需要进行更深入的数学计算。然而，上述的考虑显示（在我看来足以充分说明），假设地球是稳固不变的隆起的扁圆形球体是一个根本性的错误，这会导致讨论中出现整体性错误的问题。在漫长的地质时代进程中，缓慢但大幅度的内部轴向位移的可能性和真实性是存在的，但还需要从理论上去阐述这个问题。

正如上文所述，通过经验主义的方式是可以得到结论的。虽然确定浅层地极位移是否是由轴向变化引起的方法是间接的，说服力弱，但值得注意的是，目前所有方法都能够去判断浅层地极位移，并且已经证明轴向移动这一事实。

我们首先回到图 8-3，以欧洲地壳的西南位移为基础做出推导。欧洲山脉的硅铝层山脊在第三纪时期被迫向下运动，并缓慢向东北方移动。由此，我们可以合理假设欧洲西南向的地壳移动从第三纪开始发生。然而在第三纪，欧洲的纬度增加了近 40°，因此北极与欧洲大陆更接近，而欧洲大陆底层同时向赤道方向移动。很明显，那只可能是地球内部轴向位移的数值超出了地表的计算数值。唯一一种可以摆脱这个结论的方法是，假定欧洲大陆反向重力异常现象向东北方向移动首次发生在第四世纪，而在第三世纪，反向重力异常现象系统性地位于山脉的东南方向。这种假设或许不会被完全排斥，但在我看来是不太可能的。（在描写阿尔卑斯的章节中，斯托布写道：“欧洲和非洲一起向北漂移。二叠纪时，欧洲从非洲漂离出去，在第三纪中期，强大的力量限制了欧洲的运动，挤压欧洲洋底，形成横跨欧洲的巨大山脊，这一山脊推动欧洲进一步向北移动。大陆漂移的纬度变化数对非洲而言是 50°，对于欧洲而言为 35° ～ 40°。在大陆漂移中，描述欧洲的纬度变化是一个困难的问题。”在所有的可能性中，得出的结论都毫无根据，错误的示意图涉及两个概念：一是非洲和欧洲在给定的量值下，移动到它们的基板上，欧洲地壳向北移动，与引力场强度分布方向相反；二是不存在地球内部轴向移动，不可能是由于海进与海退的循环作用。这个例子以及其他例子表明，在这一阶段，对是否存在内部轴向位移给出明确的定义是多么有必要。）

现在，让我们来谈论另一个经验性测试——海进与海退交替循环——的可能性。

许多研究人员（雷毕希、克莱希高尔、森帕尔、霍尔、柯本等）已对这一问题做出讨论，即地极位移一定与地质上的海进海退的交替有关联。这是因为地球是一个椭圆体，同时存在着时间延迟，当地极位移时它要将自身调整到新的位置，海水也立即随之调整。图 8-4 说明，当海水立刻跟随任意一个改变的方向到达赤道隆起处时，大陆块却不会随之调整，那么在圆的象限前方就会有因地极位移而增加的海退，或者形成干旱大陆，在圆的象限后方，则会出现海进或是洪水泛滥。因为地球的赤道半径比极半径长约 21 千米，石炭纪和第四纪地极位移了 60°（如果它伴随着等量的内部轴向位移），斯匹次卑尔根岛在海面上抬升约 20 千米，如果要使地球保持原形，非洲中部将不得不沉到海面下相同的深度。当然，后面的情况可能不会发生，因为地极位移的可能性取决于它重新定向的流动性。然而，调整可能反映在海平面立刻重建后的 100 米量级的滞后，这一定会出现海进海退交替现象。

尽管只是暂时性的，但我已经利用经验数据对海进做了两种测试，并且我可以预先说明，这两种测试的方法似乎证明了地球内部轴向移动和地极位移有关。

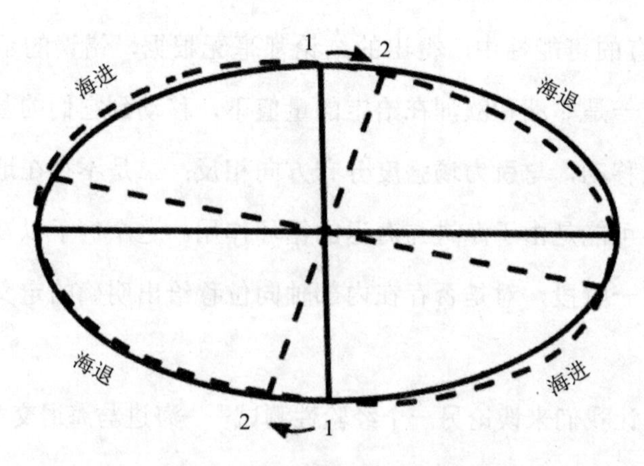

图 8-4　地极位移下的海进海退

第一种测试法是比较泥盆纪和二叠纪期间的海进变化和瞬时地极位移的结果。严格说来，本应使用实际地极位移的数据，但在此使用的是相对数据，以非洲作为参考值，与绝对值没有多少区别。在这个地方有一个最大的不确定性：对于海进的位置和扩展情况，我们在各个时期掌握得都很不精确。

我们现在在重新绘制的世界地图上标记出了石炭纪海岸线的海水海进。根据以往古生物学家（如考斯马特、瓦根）的论述，在早泥盆纪到早石炭纪时期，该地就被洪水淹没，但期间又露出水面，如图 8-5 所示（这些地区有别于同期高于或低于水面的地方）。然而，在这个时期，南极率先从南极洲向南非偏离。（此图以我早先临时测定出的极点位置为标准。极点的位置参考 W. 柯本和魏格纳在《古地质时代的气候》中提供的更精确的数据，尽管数据有些差异，但还不至于影响到我们的结论，因此我未对数据做出更正。）因此，南美洲落入象限前面的地极位移，北极从北美洲偏移。我们发现了一个确切的规律：在北极偏移之前，发生海退；在北极偏移之后，发生海进。

在随后的时期，从早石炭纪到晚二叠纪，两极发生完全不同方向的迁移，南极从南非向澳大利亚移动，北极再次接近北美洲。图 8-6 显示的地区在这个时期上升又下降，可以再次确认这一显著的规律，因为这一情况在南、北美洲是全然相反的。

这些结果似乎显示出，从泥盆纪到二叠纪的地极位移实际上与地球内部轴向位移有关。

当然，在此我不想忽略一个事实，即我试图在地球历史上的其他地质时期寻求测试的方法，但至今还未得到明确的结果。而下一时期由于地极位移的规模微不足道，因此不适合做相关测试。即使第三纪存在大规模、迅速的地极位移，我至今也没有获得明确的结果。可能因为我所

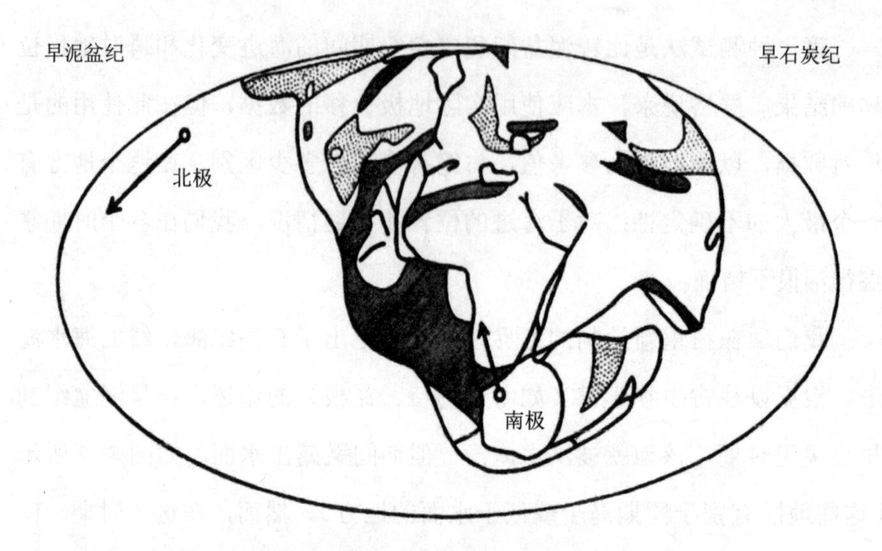

图 8-5　早泥盆纪到早石炭纪期间的海进（灰色阴影处）、海退（黑色阴影处）和地极位移

使用的相对地极位移的方法在这里已不足以解决问题，而研究工作必须基于均衡的地极位移展开。但最大的困难无疑存在于这一事实中：在第三纪，由于地质迅速变化，海洋的海进逐一分级进行，在地图中无法充分体现出来。我想，尤其是上述几点，就是迄今为止没有绘出明确的示意图的原因。

第二种测试法是不考虑整个地表有限的时间跨度，而是考虑怎样绝对、完整地测出表面部分，并以海进交替怎样在整个星球发展史上（自石炭纪以来）发挥作用，来比较海进循环中纬度的变化。如果发生在地极前的是海退，发生在地极后的是海进这一规律站得住脚，那么每一纬度的增加都一定与海退有关，每一纬度的减少则与海进有关。为证实这一点，我以著名的欧洲大陆为例。对于纬度的变化，我们可以使用数据，以莱比锡地区为参考值（所有都是赤道以北的纬度）：

石炭纪　0°

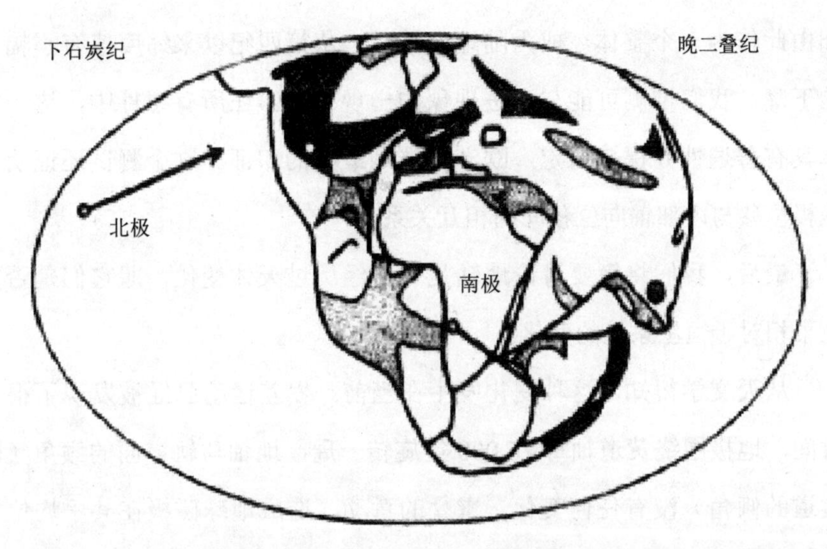

图 8-6　下石炭纪到晚二叠纪期间的海进（灰色阴影处）、海退（黑色阴影处）

二叠纪　13°

三叠纪　20°

侏罗纪　19°

白垩纪　18°

始新世　15°

第三纪中新世开始　39°

第四纪　53°

现在　51°

可以看到，纬度从石炭纪到三叠纪逐渐增加，始新世之后再次增加，直到第四纪。在第四纪中期，最高纬度值已到达莱比锡地区。

地质学告诉我们，从白垩纪到侏罗纪初，海退常发生在欧洲大陆；之后，大型海进开始，形成了侏罗纪海洋和白垩纪海洋，直到始新世，欧洲大陆块大部分一直处于水下。从那时起，显著的海退再次出现，欧洲由此作为一个整体，成为陆地。最后，从第四纪以来纬度值有小幅度的下降，我们推测可能与海进现象的出现有关。在所有事件中，这一规律具有普遍性并保持稳定，欧洲大陆是最好的印证。这个测试还证明了地极位移与内部轴向位移间的相互关系。

最后，我们将简要讨论地轴是否曾经历过天体变化，即它们是否发生了相对于恒星系统的变化。

从天文学得知，这种变化发生在当前。岁差运动已经被发现了很长时间，地极围绕黄道轴每 26 000 年旋转一周，地轴与轨道面的倾角（即黄道的倾角）没有任何变化。重叠的章动（造成地球磁极在其平均位置附近摆动的地球轴线运动的周期性变化）是轻微的，因此在这里不做考虑。然而，除此之外，摄动数值表明，黄道角也数度经历了约 40 000 年的准周期震荡，尽管是小幅震动，但这些震动和近日点变化、轨道偏心率有关，对第四纪冰川改变和间冰期有决定性影响。

我们可以假设摆动的黄道角已持续存在，并贯穿整个地球历史之中，而且似乎在第四纪对气候产生影响。例如，关于石炭—二叠纪冰河时期，近来发现有冰层反复交替前进后退的痕迹，进一步调查可能会有更多发现。存在这些痕迹的原因很可能是，在此周期的黄道角摆动对冰层的前进、后退产生了一定的控制作用。这也对应第四纪的黄道角摆动的影响作用。除此之外，已经有人提出，在沉积作用中沉积物的显著的周期变化与黄道角的改变有关。

然而，对于黄道角摆动的平均值在地球历史演变中是否经历过相当大程度的变化的问题，天文学上的微扰计算可能提供不了任何信息。这有两个原因：一是微扰计算涉及所有太阳系行星，而我们只对其中一部分有确切的认知，这使得对地质时期（除第四纪外）的外推法计算十分不现实；二是地球并不像计算中所假设的那样是一个固体，而是具有流动性，并存在大陆漂移、地壳移动等现象，或许还有内部轴向位移。以上这些特征一定对结果有重大影响，但是目前，它们没有被考虑到计算之中。从这个角度来看，我们无法获得进一步的信息。

然而，我想在这里讨论地质气候方面的重大意义。在石炭—二叠纪，南极地区位于冈瓦纳大陆，并在那里有内陆冰形成，相当于今天的南极洲。在这之后，我们发现在三叠纪、侏罗纪、石炭纪、第三纪早期中，地球上的任何地方都没有可靠的内陆冰作用的痕迹，然而极地附近由于有大陆块或是多数时间里接近陆块，因此不缺乏生成内陆冰的机会。与此同时，我们发现了一个惊人的现象，即动植物物种向两极扩展。直到第三纪时代，新内陆冰层才覆盖至北极，并在第四纪达到最大的覆盖范围。极地气候的波动可以通过下述假设得出结论，即黄道角摆动的平均值以 40 000 年为周期，在地球演进过程中经历了大幅度的变化，在内陆冰存在时，黄道角倾斜度较小，在没有内陆冰及生物发展时，黄道角倾斜度较大。

当然，黄道角的变化对地球气候系统有影响不难理解，对此只需要认识到，地球每年的温度变化基本源于黄道角的变化。如果是 0°，地轴将围绕太阳轨道正常转动，轨道偏心率微小到可忽略不计，年变化几乎消失，地球上所有地方的气温在一整年中将保持不变，就像现在的热带地区一样。两极地区的平均气温将持续一整年，冬天将比现在温暖，但气温将永远在 0℃以下，夏天和冬天将没有分别。植物的生命将不可能延续，因为没有生长周期。植物群会因此被迫沿着一段长路回到两极，陆上生物也是如此。此外，所有降水将变成终年积雪，而且因为没有了夏季而终年不化。随着积雪逐年增多，所有土地将被冰雪覆盖。

如果那时黄道角的角度明显大于今天，温度的年变化幅度将在两极增大。极地夏季将更温暖，以至于植物和陆生动物能把种群迁移到包括极地的整片区域内定居；如果月平均最高气温超过10℃，甚至高大的树木都能在此生长，那么西伯利亚的许多物种在严寒的冬季仍能幸运地得以存活。夏季的沉降物为雨水，冬季为雪，冬雪将因夏季高温而融化，所以，像西伯利亚一样即便平均气温较低，也没有内陆冰地。此外，极地地区的年平均气温将上升，即使上升幅度微弱，夏季强烈的太阳辐射不能完全抵消在冬季所损失的热量的更大辐射，因为如果太阳只是在地平面以下，就辐射平衡理论而言，其辐射产生的能量是相同的。动植物群等与气候相关的证据给出了黄道角在两极和赤道间调节气候的必然性。

自然还需要对地球演进过程中与极地气候波动有关的古气候证据进行进一步研究。要注意的是，对于这些波动我们还会找到其他的原因，不过，目前来说我觉得不太现实，而通过黄道角的变化解释波动是最好的。不过这也表明，天文学计算中除了已知的天文上的地球自转轴变化外，还有其他尚未被列入的变量因素。

第九章 大陆漂移的动力

在前面我们已经说明，测定大陆漂移运用的是纯经验性的方法，即借助完整的大地测量学、地球物理学、地质学、古生物学和生物学的相关数据，但对大陆漂移这一过程的起因没有做任何假设。这是归纳法，是在绝大多数情况下自然科学家必须选择的方法。如首先通过观察，推导出落体规律和行星轨迹的公式，只有在牛顿出现之后才提出如何根据万有引力公式推导出规律，这是常规科学研究反复出现的过程。从长远来看，我们不能指责理论家不愿花时间、花心思去解释一个其有效性不能被全体研究者认可的规律，因为无论如何，完全解决动力的问题仍需要花费很长一段时间，这就相当于要阐明一道复杂的难题，最困难的就是区分什么是起源，什么是结果。从开始我们就要清楚，大陆漂移、地壳移动、地极位移、地球内部和天文学上的自转轴轴向位移的整体性动力问题是相关联的。但到目前为止，只有一方面问题得到了解决，至于其他方面则推测的成分居多。

研究漂移动力的问题是必要的。首先，动力驱动的是我们前面所说的地壳移动之类的运动，即与基层的大陆位移有关。至少在多数情况下，它们对大陆块来说，应该被视为直接影响位移的动力，但作用在底层物质上的力则根本不值一提，或是只起到很微弱的作用。

我们之前提到的大量细节构成两种形式的位移的证据，我们可以直接在现在的地图中找到向西漂移的大陆。早期的离极漂移由于两极位置的变化而消失，只有将当时的两极位置复原，早期的离极漂移才能清楚地显示出来。然而，离极漂移通常表现为两极地区分裂的大陆块和赤道地区的挤压运动。举例来说，石炭—二叠纪时期，南极洲向非洲推进是受到石炭层沿赤道的挤压，随后冈瓦纳大陆开始分离。以同样的方式，北极以前位于太平洋海域内，在第三纪发生前进运动。对北极而言，现在的大陆块是伴随第三纪沿赤道的褶皱作用形成的（欧亚大陆的喜马拉雅—阿尔卑斯一带在这一时期表现明显），紧随而来的是北半球诸大陆分裂的加剧。

根据我们现有的知识，能够确定的唯一的移动动力是离极漂移力。这个力驱动大陆块底部向赤道方向运动。早在 1913 年，姚特福斯（Eötvös）阐述了这一动力的存在，但在当时没有引起人们的注意。在讨论中，他提出这样的事实："在经线的面上垂直方向是弯曲的，凹进的一边向着地极，而漂浮物体（大陆块）的重心位置要高于被挤开的流体的重力中心位置。"因此，漂浮的物体受到两种不同方向的作用力，它们的合力从地极指向赤道，大陆因此产生向赤道移动的倾向，这种移动也会产生如普尔科沃天文台推测的纬度的常年变化。

虽然不能确定姚特福斯提供的事实依据，但 W. 柯本探讨了离极漂移力的性质和其对大陆漂移的重要性。虽然没有任何计算数据，但他给出了以下描述："地壳各个水平层面的扁平度随深度增加而减少，它们不相互平行，而是稍微相互倾斜。但在赤道和两极上，它们和地球半径相互垂直。"图 9-1 为一极（P）与赤道（A）之间的一条经线上的剖面，对极发生凹形弯曲的虚线是 O 点上的重力线，C 是地球的中心点。

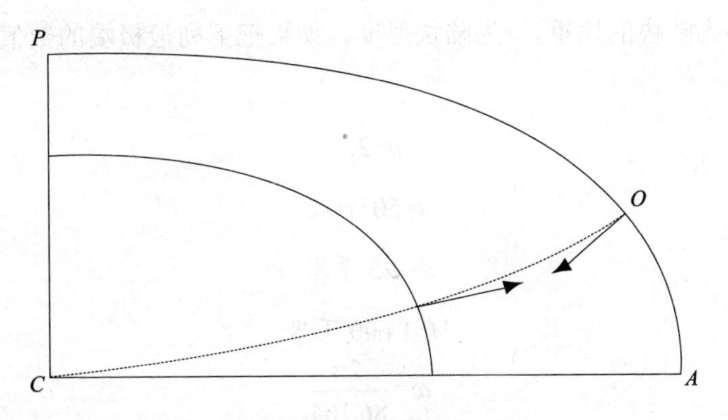

图 9-1　地表水准面与弯曲的铅垂线

浮体的浮力中心位于被排除的媒质的重心上，但浮体本身的重心位于物体自身的重心上。两种力的方向与地表作用点形成标准角度，而且，由于两种力的方向并不完全相反，所以产生了一种不大的合力。如果浮力中心位于重心下方，那么合力指向赤道。因为大陆板块的重心位于表面以下，两种力不垂直于大陆块的表面，而略倾斜于赤道，所以浮力比重力倾斜度更大。凡是浮体的重心位于浮力上方的，原则上都适用这个原理：如果重心在浮力中心的下方，合力一定指向两极。对于旋转的地球，只有两点合一，阿基米德原理才是完全正确的。

第一个计算离极漂移力的是 P.S. 爱波斯坦（P.S.Epstein）。他推导出了以下公式，他认为纬度 φ 上的力 K_φ 应是：

$$K_\varphi=-\frac{3}{2}md\omega^2\sin 2\varphi$$

式中，m为陆块的质量，d为大洋底与大陆面高度差之半（即大陆板块重心面与被排挤的硅镁质的重心面的高度差），ω为地球自转的角速度。

因为要从大陆板块移动的速度 v 求得硅镁层的黏性系数 μ，所以将上面的公式套到一般公式 $K=\mu\frac{v}{M}$（M 为黏性层厚度）中，会得出下面的公式：

$$\mu=\rho\frac{sdM\omega^2}{v}$$

式中，ρ为陆块的比重，s为陆块厚度。如果把下列最极端的数值代入公式中，

$$\rho=2.9$$

$$s=50\text{ 千米}$$

$$d=2.5\text{ 千米}$$

$$M=1\,600\text{ 千米}$$

$$\omega=\frac{2\pi}{86\,164}$$

$$v=33\text{ 米/年}$$

则得到硅镁层系数$\mu = 2.9\times10^{16}\ \mathrm{g \cdot cm^{-1} \cdot sec^{-1}}$，此数值约为室内温度下钢的黏性系数的3倍。

如果 v=1 米 / 年，结果可能最接近真实值，μ 算出来就是其 33 倍多。爱泼斯坦做出如下总结：“综合结果，我们可以得出结论，地球旋转的离心力能并且一定能产生魏格纳所示的离极漂移。”然而，他认为，赤道褶皱山系的形成不能归因于离心力，因为这个力只相当于地极与赤道之间 10 ～ 20 米厚的表面的差值，然而山脉隆起的高度达到数千米，相应的硅铝块也下沉至很深的深度，这些现象都需要产生大量对重力起到反作用的力。因此，离极漂移的力量是微不足道的，只能形成 10 ～ 20 米高的山丘。

W.D. 兰伯特差不多与 P.S. 爱泼斯坦同时以数学方法推导出离极漂移力的数值，结果大致相同。他算出在 45° 纬度处的离极漂移力是重力的三百万分之一。由于该力在纬度上达到最大值，所以对于一块长方形的倾斜的大陆，漂移力一定会使其发生旋转：在 45° 纬度与赤道之间，长轴会向东西方旋转，而与极地之间则向南北方旋转。兰伯特提道：“当然这些都还只是推测出来的，它们是以下述的假定为基础的，即假定大陆块是漂浮在一种黏性液体的岩浆上，并且岩浆的黏性以古典黏性学说的

含义为基础。按照古典黏性学说，一种液体不管黏性多大，只要具有足够长的作用时间，任何一种即使是很小的力也会使它变形。地球重力磁场的特性表明，其作用力是极小的，但液体的黏性则可能与古典黏性学说所假设的性质不同，因此不管作用的时间多长，这个力只有达到一定极限值，才能使液体流散。黏性问题是复杂的，不但古典黏性学说未对观察到的事实给予适当解释，而且我们现有的知识也不允许我们做出任何断言。赤道方向的力是存在的，至于这种力对大陆位置与形状是否有显著的影响，还需要让地质学家来做决定。”

施韦达尔也计算过离极漂移力。他算出在 45° 纬度上这个力的值为每秒钟两千分之一厘米，即相当于大陆块重量的两百万分之一。他说：“该力是否足够推动大陆漂移还很难判定，但无论如何，它是不能解释向西漂移说的。由于速度太小，它不能在地球自转时产生任何显著的西向倾斜。”

施韦达尔认为 P.S. 爱泼斯坦计算出的 33 米 / 年的漂移速度太大了，因此得到的硅镁层黏性值很小，如果采用较小的速度，就可以得到合乎要求的较大的黏性值。他说：“如果我们假设黏性系数为 10^{19}（而不是爱泼斯坦的 10^{16}），并以爱泼斯坦的公式为准，则可以得出大陆块的漂移速度在 45° 纬度为 20 厘米 / 年。总之，在这个力的影响下大陆向赤道漂移是可能的。”

最终，R. 伯纳（R.Berner）和 R. 瓦弗尔（R.Wavre）重新计算了离极漂移力，结果是最精确的。他们得出，离极漂移力在 45° 纬度的最大值为大陆块重力值的八十万分之一。还认为：“大陆漂移力与大陆重力之间的比值非常小；它不能形成山脉，目前也不能在赤道地区生成山脉。

“然而，如果将静力作用加入动力作用中，就会产生不同的结果。

“硅镁层的阻力不妨碍大陆的移动。在赤道或其他纬度相遇的两块大陆中，如果出现一种动能的损失，该动能则一定会以一种或多种形式得以恢复。”

克莱希高尔似乎是发现大陆潜在漂离两极的第一人。他在第二版《地质学上的赤道》中（书中第41页），引入新观点，提出了离极漂移力的概念。第一版中并无此论述。

同时，我想进一步提及的是M. 穆勒（M.Möller）的著作。1922年他发表了在1920年研究出的离极漂移力的推导论文，可能正是对这个文献的扩展，在此我只引用我正好了解的部分。

如果我们肯定瓦弗尔和伯纳的理论，离极漂移力约与大陆块重力的八十万分之一相等，是水平面上潮汐力的15倍；尽管后者方向不断变换，离极漂移力的作用在方向和强度上都不发生改变。这使得离极漂移力在地质过程中能够像钢铁般克服地球黏性。

不久前，U. P. 莱利（U. P.Lely）做了一项有趣的实验，证明了远离两极的大陆漂移力。我与J. 莱兹曼尼（J. Letzmann）重复了这个实验，发现它可以作为一个优秀的课堂演示。在转椅上将圆柱形水容器平置，并放在椅子的中心，将水平稳地注入容器中时，水面呈现抛物线般的弯曲（图9-2a）。在容器的中心放一块带钉子的软木塞（图9-2b），代表现在水面上的浮点，尽可能保持不动，软木塞始终能够保持垂直于钉子而不发生偏翻。现在浮点开始在水面上转动，钉子先向上，然后朝下。当钉子朝上时，可观察到浮点快速向中心运动；当钉子朝下时，则向两边移动。如果将浮点按照不同的方向反复放置在水面上，

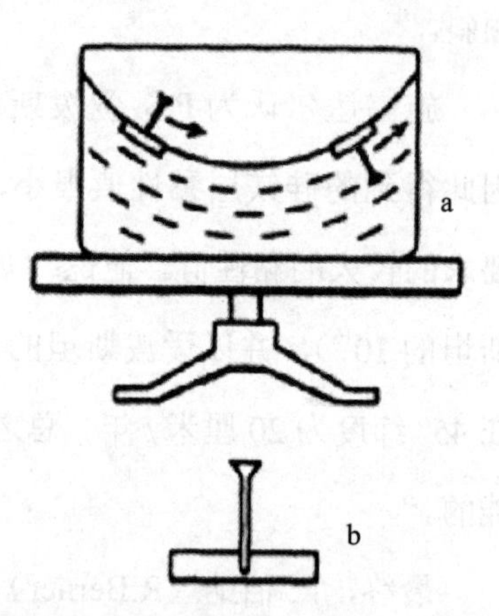

图9-2　莱利证明漂移力的实验

那么运动方向每次都会发生变化，这个实验极具说服力。

实验的基本原理其实很简单，浮点重心没有和排开的水的重心重合，而当钉子朝上时重心在排开的水的重心之上，钉子向下时重心在排开的水的重心之下。如图 9-2 所示，水的弯曲面显示了水中的径向压力正好与离心力相抵消。如果浮点的重心和排开的水的重心完全重合，将不产生漂移力，因为对浮点来说，内部和外部的横向压力差将和离心力相互抵消。当钉子朝上时，浮点的重心不是向上与排开的水的重心保持一致，它会同时向轴心移动，离心力将小于压力并将推动浮点向中心运动；反之，当钉子朝下时，浮点一定向边缘漂移，因为它的重心远离轴心，与排开的水的重心一致，因此这种情况下离心力大于压力。

初步来看，这个实验似乎证明的是与漂移力相反的力，因为带有重心的大陆可以代替上面的实验材料，即大陆相当于带有钉子的浮点。但我们很容易发现，这种转变只是一种事实结果，与流体曲面的运动不同。因为在凹凸不平的曲面状的地球表面上，大陆重心远离轴心，而在实验中物体重心离轴心距离较短。

据前文所述可明确以下观点：离极漂移力足以通过硅镁层使大陆发生漂移，但不能让从两极漂离的大陆形成褶皱山脉。然而，伯纳已经明确指出，这证实了在水平面处于静止状态的大陆块由于离极漂移力而受到静态压力作用的真实性。我们假设另一种情况：在离极漂移力的作用下，必须要有能克服岩浆的黏性阻力，大陆块才能匀速向赤道移动，而且在这个过程中，还会因遇到障碍物而被迫停止运动（我们不该高估这种效果）。动能等于陆块质量的一半乘以速度的平方。大陆块的质量确实很大，但速度的平方是很低的，因此山脉的形成也不能用产生的动能来解释。因此，我们必须肯定常规的离极漂移力不足以解释造山运动。

出于某些特殊的原因，一些地质学家认为这种情况是违背大陆漂移理论的，这种观点不合逻辑。褶皱山脉的存在是不容置疑的。如果它们需要一种大于离极漂移力的力，那么它们的存在就是一个证据，在地球历史进程中，至少位移力比离极漂移力大得多。但是，如果这个力能足够引起大陆漂移，未知的造山力一定能做得更多。

我们可以更加简要地概述关于大陆向西漂移的动力的讨论。许多研究者，如 E.H.L. 施瓦茨和 H. 韦特施泰因等人认为，潮汐波的摩擦作用产生的旋转的驱动力，是整个地壳向西转动的原因。潮汐波是受日月引力影响在地球上产生的。人们常常设想月球早期旋转得较快，只是由于地球的潮汐摩擦而减速。很显然，一个星体由于潮汐摩擦而导致转速减慢，必然会明显地表现在最上层，并引起整个地壳或者是大陆块的缓慢移动。这里的问题只是这种潮汐摩擦是否存在。根据施韦达尔的研究，可以从水平摆发现地球球体的潮汐变形。这种变形属于另外一种弹性变形，并不能直接说明大陆块的移动。然而兰伯特认为："尽管这不可能通过观察得到可靠的验证，但我们不能相信大陆块自由移动时完全不受摩擦力的影响。""实际上，毋庸置疑的是，我们不能把地球当作和潮汐引力一样是具有弹性的。"因此，除了大量具有弹性的潮汐外，一定存在潮汐流动。可以确定的是，潮汐流动具有测量的局限性，因为硅镁层具有黏性，所以潮汐流动的影响就很微小。但在地质运动过程中潮汐摩擦效应日积月累，最终会引起显著的地壳移动。无论如何，我的观点仅仅基于固体地球每日的潮汐具有弹性，还不能说明这个问题得到了实际的解决。

施韦达尔根据地轴的行进学说，发现了和日月引力有关的影响大陆向西漂移的一种力。他说："通过地球旋转轴在日月引力影响下的行进学说可以预言，地球各个部分相互间不会产生很大的相对移动。"如果承认大陆相互间有移动，那计算地轴在空间上的运动会更加困难。在这种情况下，必须区分个别大陆的旋转轴与整个地球的旋转轴。我曾计算过，大陆旋转轴的行进范围是纬度 −30° ～ +40° 及西经 0° ～ 40°，比整个地球旋转轴的行进要大 220 倍。大陆具有与一般旋转轴不同的绕轴旋转的倾向。它不仅存在南北向的力，还存在向西的力，并且试图使大陆发生位移；其间，由南向北相互转化的力每天都有变化，我们不纳入考虑范围。这个力比离极漂移力要大，在赤道上最大，到 ±36° 纬度为零。我希望以后能对这个问题做更确切的叙述。该理论证明，大陆向西漂移也不是不可能的。尽管如此，这只是个初步的探讨（最终结论性的版本还没有发表），但看起来，大陆块最清楚不过的运动就是向西漂移，这个肯定可以用日月引力作用于黏性的地球来解释。

但施韦达尔从重力测定结果中推测出，地球的形状与旋转椭球体的形状不同，从而引起了硅镁层内部的流动和大陆漂移。他说："人们推测，在较早的时期，就存在硅镁层的流动。"赫尔默特在最新著作中，根据地球重力分布，推断地球是一个三轴椭球体。赤道形成一个椭圆，椭圆的两轴长度差仅为 230 米，长轴与地球表面在西经 17°（大西洋中）交会，短轴在东经 73°（印度洋中）交会。根据拉普拉斯（Laplace）与克莱罗（Clairaut）的理论，地球由近乎液体的物质组成，即固体地球的压力（除地壳外）是静水压力。从这个观点看，赫尔默特的结论是难以理解的。考虑到静液压地球的扁率和角速度，地球不可能是三轴椭球体。我们可以假定，由于大陆的存在，地球不同于一般旋转的椭球体，但事实并非如此。我对此进行了计算，假定大陆是漂浮的，其厚度约 200 千米，硅铝层和硅镁层的密度差是 0.034（以水的密度等于 1 为参考值）。以此为前提进行计算，得出的地球形状和旋转椭球体形状的偏差值，比赫尔默特得出的要小得多。除此之外，赤道椭圆的轴位置和赫尔默特设定的轴位置完全不同，长轴交会在印度洋上。因此，地球的大部分地区不具有流体静态的行为。

“根据我的计算，如果大西洋下面200千米厚的硅镁层的密度比印度洋下的高出0.01，则赫尔默特的结论是可能成立的。这种状态是不能长期保持的，因为硅镁层将继续流动以恢复旋转椭球体的平衡状态。由于密度差很小，所以几乎没有产生流动性的可能，但赤道的椭圆率、硅镁层的密度差及其流动，可能在早期比现在更显著一些。”

可以明确的是，赫尔默特推导出的动力可以解释大西洋的开裂，因为这里有大西洋处的地壳隆起，大陆块向西漂移。（应该指出，近来有观点认为，地球确实是个三轴椭球体。W. 海斯凯恩发现，这个结果仅仅是根据引力测量的组合值模拟得出的。）

应该把这个观点看成对施韦达尔见解的一种延伸。这个观点即地表的隆起不仅仅局限于地球的赤道，而是在地球的任何地区都会发生。先前，在讨论海进与地极位移的关系时（本书第八章）我们曾做出说明，在地极位移前，地表的位置一定很高，迁移后一定很低，地质学上的事实似乎也证实了这一点。在这里，我们发现的高低偏差数值和赫尔默特算出的赤道长轴超过短轴的数值相似，或许是它的两倍。当地极运动较快时，在地极前方的地球表面看起来要高出均衡位置数百米以上，在地极后方要低数百米。最大的倾斜（一个地球象限为1千米）将出现在地极位移的经线与赤道的交会点处，和两极处的倾斜程度几乎相同。由此释放出陆块从高处向低处的力，这种力是正常离极漂移力的许多倍。这些力不同于离极漂移力，不仅作用在大陆块上，也作用在下方容易流动的硅镁层上，而且在固体地壳下面保持着均衡。但由于倾斜度的存在（海进海退能证明其存在），这种力在大陆板块上也必然产生作用，形成大陆板块的移动和褶皱，虽然这些运动可能小于下方流体物质的运动。我确信，由于地极位移而使地球变形这一力源还是足以造成褶皱运动的。

鉴于最大的两个褶皱系统，即石炭纪褶皱与第三纪褶皱恰好形成于地极位移最快和范围最大的时候，这个解释显得特别恰当。

近来，几位研究者，如施温格，特别是基尔希使用了硅镁层对流的概念。结合乔利的观点，基尔希假设：大陆块下方的硅镁层在镭含量高的部分加温，在海洋地区冷却；地壳下方的硅镁层有环流运动，即在大陆下，硅镁层的热气上升到大陆的下边界，然后向下流向海洋地区，下降到很深处后又返回大陆，继续上升。由于受到摩擦力影响，硅镁层容易导致大陆板块表面分裂，并迫使其发生分离。我们之前提到过，相对流动的硅镁层被多数研究人员认为是不可能存在的。然而，根据冈瓦纳大陆的分裂和北美洲、欧洲、亚洲组成的大陆的分裂现象，硅镁层的环流运动对大陆分离产生影响是存在的。这个观点显然为大西洋开裂提供了合理的解释，因此不能完全因为地表出现的现象与之矛盾而否定硅镁层存在环流运动的合理性。如果理论基础是站得住脚的，那么在任何情况下它们都能被看作形成地表的动力因素，而在目前的理论背景下这显然是不可能的。

综上所述，大陆漂移的动力问题（除已经经过较为充分研究的离极漂移力外）仍处于研究的起步阶段。

然而，我们可以有一种假定：大陆漂移的动力和产生褶皱山脊的动力是相同的。大陆漂移、断层和挤压、地震、火山活动、海进海退循环和离极运动，其相互间无疑是有关联的。它们一起证实了地球在某一阶段演变历史的真实性。然而，其发生的原因和结果，只有在未来才能得到答案。

第十章 对硅铝层的增补观察资料

前面的章节主要论述了支持大陆漂移说的证据，我们现在更想证明其正确性。在本章与下一章，通过补充，或许能将一些现象和问题与我们讨论的理论紧密联系在一起。在此我想强调的是，讨论的目的更多的是要提出问题和引起研究，而不是给出一个确定的答案。

首先我们来讨论一下硅铝层，它以大陆板块的形式散布于地球上。

图 10-1 显示的是一幅关于世界各大陆板块的地图。因为大陆架是大陆土地的一部分，所以大陆的轮廓明显在许多地方与我们已知的海岸线发生分离。我们要摆脱常规的世界地图，去了解大陆板块整体的轮廓。通常，200 米等深线恰好能代表这些大陆的边缘，但也有一部分大陆板块的边缘延伸到 500 米等深线处。

我们早先说过，大陆板块的主要成分是花岗岩。然而，众所周知的是，大陆板块的表面很大程度上不是由花岗岩组成的，而是由沉积岩组成的，因此我们必须明确这些沉积岩在构造中所起的作用。沉积岩的最大厚度约为 10 千米，该数值是由美国地质学家依据阿巴拉契亚山脉在古生代时期沉积物的厚度测量得出的。其他地方的最小厚度为 0，因为许多地方的原始岩石都是裸露在外的，没有任何沉积物覆盖。克拉克（Clarke）

估算的大陆板块的平均厚度约为 2 400 米。然而，目前所有的大陆板块的厚度估计约为 60 千米，花岗岩岩层的厚度约为 30 千米，很明显，沉积岩是由地表浅层的风化作用形成的。此外，如果把它完全移走，大陆板块将会因恢复平衡上升至之前的高度，所以对地球表面的起伏不致产生大的改变。

我们不应该单看地图（图 10–1）上的大陆板块边界，粗线部分表示的是硅铝层和硅镁层的边界，海底大概也有许多地方有硅铝层。大陆板块，顾名思义，指一块完整的大陆，本质上其覆盖着未受损坏的硅铝层。和破碎的海底硅铝层形成对比，陆块地表分裂，在更深的层面，大陆板块张开或者漂离。因此，我们必须区分一般概念的硅铝盖和专业概念上的硅铝块。而后者在我们的地图上有所显示。

在地质演化进程中，硅铝块最激烈的变化无疑是发生在海进（洪水期）和海退（干旱期）交替的时期。这种现象与以下这种偶然情况有关：当海洋中的水量比大洋盆地中的水量多时，大陆块地势较低的部分会在

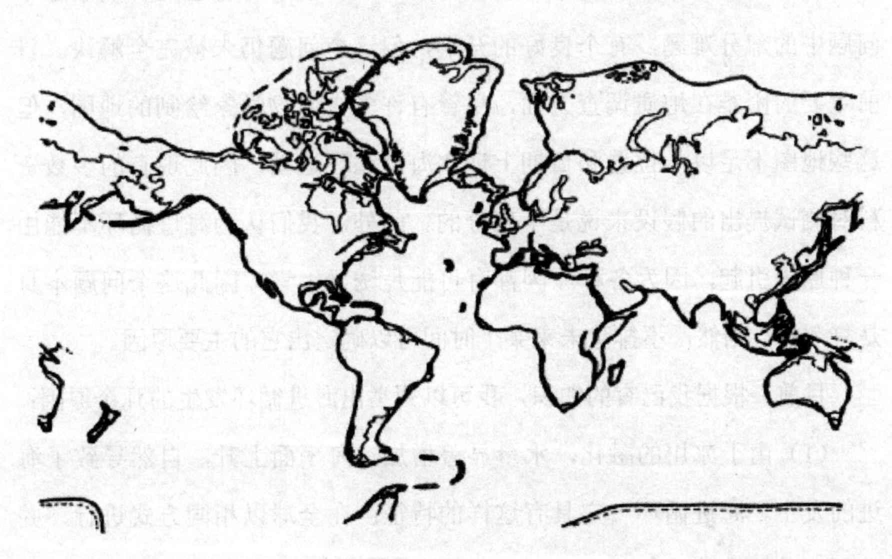

图 10–1　大陆板块分布图（据墨卡托的推测绘）

水下。如果世界的海平面比现在低500米，这些地质现象将局限在大陆块狭窄的边缘地带。现在，海进痕迹可以直接从地图上找到。在这种情况下，大陆水平面的微小变化都会引起被淹没地区的大幅度位移。

总体来说，我们讨论的水位变化的高度差异并未超过几百米的范围。昔日海进与今日海进相比，海水的深浅度是相同的。问题是这些被人广为接受的水平面的变化是怎么符合地壳均衡原则或是地壳流体静力学平衡学说的？可能的解答是：如果大陆块受到下方任一流体静力平衡的影响，就自然会出现大范围的陆块下沉，需要有使之回到平衡位置的力的作用。只要水平面的变化保持在规定范围内，重力异常的现象也将保持在规定范围内，在此范围内我们会发现，地球上出现变化的点就是那些与地壳均衡说出现偏离的地方。由于地球具有黏性，所以水平面一定阈值的变化需要超过先前力的强度，产生均衡说中的平衡运动。因此，可能几百米的数值大约代表水平面变化的阈值，当然，这不能被当作绝对的常数。对地球历史上海进循环原因的解释将是一个重要的问题，也是未来地质和地球物理研究最难的任务之一。目前，尽管已经解决了这个问题中的部分难题，有个良好的开端，但这个问题仍未被完全解决。目前主要的困难在地质调查方面，尽管有许多古生物学家绘制的地图，但这些地图不足以从位置和日期上证实海进循环运动，因此现有的多数资料对测试提出的假设来说是不充分的。此外，我们认为海进循环不能由一种原因引起，因为各种原因都有可能是诱导因素，因此这个问题本身是复杂的。当然，不排除未来某个时间可以确定出它的主要原因。

目前，根据我已有的知识，我可以列举出海进循环发生的几个原因：

（1）由于冰川的融化，水量显著增加，海平面上升，自然导致了海进的发生。海进循环一定具有这样的特征：在全球以相同方式进行，并且不打破地表的均衡状态。据计算，海进与第四纪和石炭—二叠纪时期形成的冰盖一样，将使海平面下降 50 ~ 100 米。

（2）硅铝覆盖层的表面的抬升和凹陷也是一个原因。硅铝覆盖层会进行水平挤压（造山运动）或是水平伸展（断层）沉积，硅铝覆盖层的厚度在水平挤压运动下增加，在水平伸展中减小。例如，阿尔卑斯山由于褶皱运动使海平面升高，而爱琴海地区则出现下沉，形成许多断层，那些岛屿至今仍在。尽管这些过程可能会遇到很多的局部重力异常现象，但基本不涉及干扰地壳均衡说的问题，至少不影响海拔升降的问题。进一步说，硅铝层运动还与其影响区域的水平维度变化有关，其展现的是当地的整体变化而非局部。

（3）地球运动中的天文现象变化也是原因之一，特别是影响地球的平衡扁率。海洋将遵循平衡扁率无时差的变化，但黏性地球将出现时间滞后的情况。如果地球扁率增加，海进一定出现在赤道处，海退出现在两极；如果扁率缩小，则海进海退区域对调。近期观察发现（尽管对观察结果的解释仍不确定），扁率的变化还可能是地球角速度和黄道角角度的改变引起的，如果黄道角的角度变大，虽然影响轻微，但潮汐力一定会沿地轴方向对地球形状起拉伸作用；反过来，如果角度缩小，赤道半径就会增加。因此，如果黄道角角度增加，则可预测海进在两极发生，而角度缩小则可预测海退在赤道出现。

（4）地质学上所确认的地极位移，意味着地轴相对整个地球发生了移动，其一定是海进发生变化的重要原因，如我们在前一章所做的论述，实际上，这个现象意味着越来越多的海进发生在所迁移的地极之前，海退发生于其后。我认为，这是可能出现的，因为地极位移将被证明是产生海进现象的主要原因。然而，还有学说认为应将其他的因素考虑在内，而其他因素的数量也可能会增加。

在讨论的第二点现象中，断裂点的延长和挤压折叠是大陆板块除海进循环外的第二类主要事件。长期以来，它们一直是大地构造学的研究对象，在这里我们只需要引用一些有关联的观点。众所周知，褶皱山脉是在巨大水平挤压作用下形成的，有几个研究者却在争论褶皱山脉的基本形成过程中标新立异，在此我们不必过多探讨这个问题。重要的是，不论是古代还是近期的褶皱山脉，如果一系列山脉位于地壳下方，就没有重力异常出现。实际上，人们常常认为，这种山脉明显违背地壳均衡说，但我们认为，褶皱山脉实际上支持了地壳均衡说。图 10-2 对其做出了解释。当漂浮在硅镁层的大陆块受挤压时，此陆块位于硅镁层表面的上层与下层的比率必须保持不变。该比率取决于我们所假定的硅镁层的厚度，假设上层厚度为 5 千米，下层是 30 千米或者 60 千米，我们得出的比率是 1∶6 或 1∶12，因此，向下挤压的部分一定是向上部分的 6 倍或 12 倍。由此我们看到的山脉只是受到挤压的整个大陆板块的一小部分。在理想的情况下，我们看到的都是挤压发生前已经在海平面之上的山脉。如果忽略微小的变化，任何低于海平面的山脉，不管是在挤压运动过程中还是在其结束后，山脉仍然低于海平面。所以，如果大陆板块的上层是 5 千米厚的沉积岩，那么整个褶皱山体最初就是由沉积层组成的。只有当整个沉积层被海水侵蚀，由火成岩组成的中央山脉才能通过地球补偿作用而上升。喜马拉雅山和周边的山脉将是第一阶段的例子。这类沉积褶皱层中，侵蚀作用很激烈，多数冰川被冰碛石掩埋。典型的例子就是巴尔托洛冰川，它是喀喇昆仑山脉最大的冰川，宽 1.5 ～ 4 千米，长 65 千米，但存在不少于 15 个的中央冰碛石。在第二阶段，以阿尔卑斯山为例，中央山脉由火成岩构成，但山脉两侧仍保留有沉积岩带。因为火成岩侵蚀作用轻微，所以阿尔卑斯山冰川上的冰碛很少，这也是它景色优美的原因之一。最后，挪威山脉可以代表第三阶段，这里沉积岩层被全部侵蚀，火成岩完全上升。因此山脉沉积岩层的侵蚀真正实现了地壳

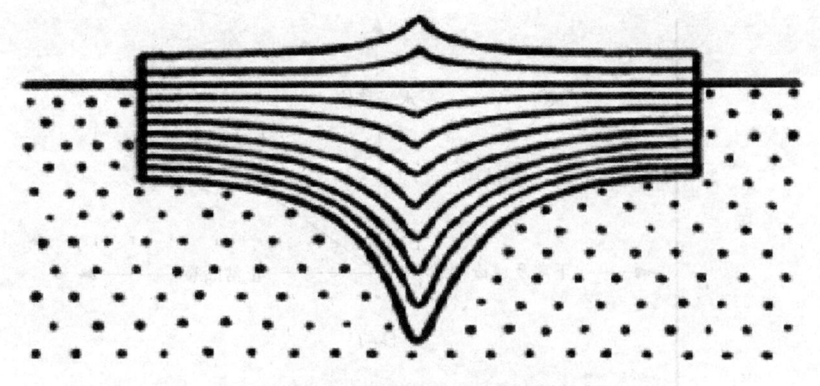

图 10-2　未经地壳均衡中的平衡运动影响的压缩

均衡调节。

我们往往能辨认出山脉中平行的呈阶梯状排列的褶皱带。经调查发现，这一条褶皱带最终要延伸到该山脉的边缘，直至山脉消失，而内侧的另一座山脉会成为前一座山的边缘，然后第二座山脉消失在更远一点的位置，依此类推，雁行褶皱贯穿了整个山脉。产生这种现象的原因是两块大陆不是直接做正面的相互推动，而是沿着它们相互垂直的方向的某一部分进行剪切运动。通常来说，不同的陆块运动会造成各种各样的影响，如图 10-3 所示。假定左边陆块处于静止状态，而右边陆块在进行运动。如果陆块边界成直角方向运动，则不会形成雁形山脉，而会形成巨大的褶皱（逆掩冲断层）；如果陆块呈斜角方向运动，那么就会形成雁行褶皱，运动方向和陆块边缘越趋平行，雁形山脉就愈狭愈低。当出现完全的平行运动，即形成水平位移的滑面，如果最后运动方向背离大陆板块边缘，大陆板块就会产生倾斜断裂或者是正断裂，从而形成裂谷。正常褶皱和雁行褶皱的关系用一张桌布就能清楚地演示，只要把代表大陆板块的部分固定，移动其余部分就可以了。

仅从上述的概括性考察中我们就能发现，雁行褶皱比正常褶皱发生得更频繁，因为雁行褶皱代表一般的情况，而后者是特殊情况。自然界

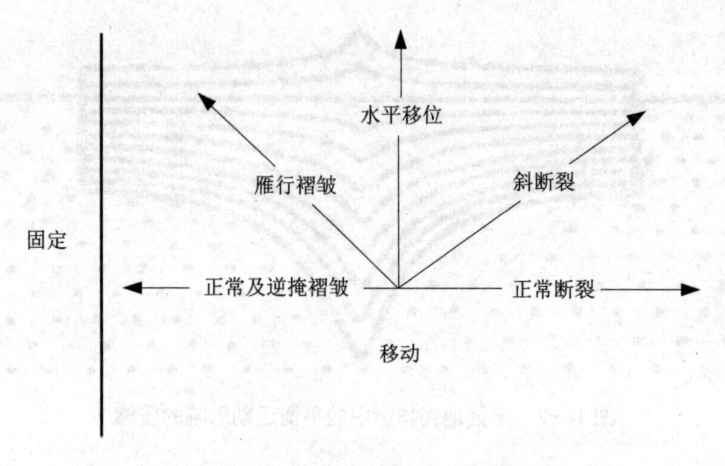

图 10-3　大陆板块不同方向运动而产生的褶皱与断裂

中褶皱构造的排列似乎与此判断相符合。我想强调这一点，是因为地质学家通常认为只有雁行褶皱会持续垂直地一层层位移，再一层层叠加，但从前文描述中看情况并非如此。图 10-3 中表明，褶皱和断裂只是同一个过程中（即大陆板块各部分彼此在推动）不同的效果，它们是从雁行褶皱到水平位移的连续过程。

因此在同一情况下我们还要考虑断裂的过程。东非大裂谷（地堑）是考察断裂的最佳实例，它们属于大规模的断层系统，向北延伸至红海、亚喀巴湾和约旦河谷，直到托罗斯褶皱山的边缘（图 10-4）。据最近研究表明，这些断层也向南延伸，远至好望角。其中发育得最好的部分发现于东非，诺伊迈尔 - 乌利希（Neumayr-Uhlig）对此有如下描述：

这一条 50 ~ 80 千米宽的裂谷，包括希雷河和尼亚萨湖，从赞比西河河口向北延伸，然后转向西北消失。接近裂谷的地方有与之平行的坦噶尼喀湖，这个湖规模甚大，湖水深达 1 700 ~ 2 700 米，岸壁高达 2 000 ~ 2 400 米，甚至 3 000 米。在北面还包括鲁西西河、基伍湖、爱德华湖、艾伯特湖。诺伊迈尔 - 乌利希认为：“裂谷边缘山脊的出现，可能与地壳裂变后断裂边缘的突然向上涌升的运动有关。”这种高原边界凸起的特殊地形使得尼罗河于坦噶尼喀裂谷边缘的东坡发源，而坦噶尼喀湖水则流入刚果河。第三条明显的裂谷位于维多利亚湖以东，北部是鲁道夫湖，在阿比西尼亚弯曲延伸至东北部，一侧伸向红海，另一侧则朝向亚丁湾。在东非的沿海和内陆，这些断裂常以向东逐步下降的阶梯状断层形式出现。

图 10-4 仍用黑点表示裂谷底部，这是具有特殊意义的大三角洲地区，位于埃塞俄比亚高原和索马里半岛之间，即在安科伯尔、柏培拉、马萨瓦之间，这个相对平坦、地势低洼的地区完全由火山岩组成。很多研究者认为它是由裂谷底层极度扩张形成的。这个见解是根据红海两侧海岸线的趋势推测出来的，除此之外，该海岸线呈平缓趋势，只在此处有三角地区的凸起。如果把这个三角地区切除，对岸的阿拉伯半岛的岬角刚好吻合这个缺口。埃塞俄比亚山下面的硅铝质向东北方扩展，硅铝质在大陆板块的边缘处显露在外，形成了三角地区。硅铝带的缝隙由玄武岩填满，因此上升的硅铝层上层是硅镁层。无论是哪种情况，除非三角形地区可能存在有可预测的绝对的重力异常现象，三角地区超过海平面的巨大的海拔高度都表明熔岩下有硅铝层的存在。

这些断谷很可能起源于较近的地质时期，并在东非形成脉络状断裂线。在很多地方，裂谷的脉络状断裂线切断了玄武岩熔岩，甚至有的地方还切断了上新世的淡水沉积层。因此，无论如何，它们不可能在第三纪之前产生。另外，从位于裂谷底部的内陆湖所标志的高水位上升的海滩可以推断，它们在更新世时期就已经出现。以坦噶尼喀湖为例，从所谓的残遗动物区可以推测出，这些动物曾经生活在海洋中，后来逐渐适应了淡水的环境，这表示该湖已经存在了较长一段时间。但是，断裂带频繁发生的地震和强烈的火山喷发，又表明断裂带的分裂活动至今还在继续进行。

图 10-4　东非裂谷带〔据祖潘（Supan）绘〕

从力学意义上看，仅有的有助于解释的新迹象是：它们处于两个大陆板块完全分离的初始阶段，也就是近来出现断裂而尚未完全分离，或者早期完成分裂后来由于导致裂谷分裂的张力减弱而静止了。在我们看来，一个完整的分离过程如下：在较脆弱的上层形成一个张开的裂缝，而具有可塑性的下层仍然相连。由于裂缝陡壁高度不确定，且构成陡壁的岩石具有巨大的抗压强度，同时在裂缝之外形成了倾斜的滑面，因此，靠近滑面的两块大陆板块的边缘部分就将滑落到张开的裂缝之中，伴随而来的现象就是许多局部的地震。一旦出现裂缝就会发生这一现象，因此沟状断层（地堑）的深度不大，裂谷底部以及更高处所露出的裂谷边缘的残积岩块由同一类岩石组成。在这个阶段，裂谷还没有得到均衡补偿，按照 E. 科尔斯许特（E.Kohlschütter）的观点，近期大量产生的东非裂谷也是这种情况。目前存在未经补偿的质量不足的情况，因此能观察到相应的重力异常。此外，裂谷两侧的隆升使得均衡补偿得以实现，因此产生一种现象——裂谷沿着背斜脊的长轴穿过。莱茵河上游裂谷两侧的黑森林山和孚日山就是这类边缘脊的鲜明例子。如果最后裂谷向深处扩展，只剩可塑性较低的硅铝层仍位于整块陆块之下，那么硅铝层和其下的黏性硅镁层将向裂口处上升，弥补之前质量不足的情况，并且裂谷整体也得到了均衡补偿。裂谷进一步开裂，裂谷首先是由散落的具有可塑性的底层硅铝质碎片覆盖底部，再由碎片覆盖更脆弱的上层，直到最后，裂缝继续扩大，硅镁质出现在表面。根据特雷尔齐（Triulzi）和赫克的观察发现，红海大裂谷已经发展到硅镁质浮升的阶段，断裂的补偿运动也已经发生。

本质上，硅铝层最上层要比下层脆弱，这一事实也解释了一个值得注意的现象：陆块边缘早先是相连的，当硅铝层块夹在其中时，似乎阻止了大陆板块以整体的形式存在。例如，马达加斯加岛的东岸和印度洋西海岸明显展现了变质岩高原两侧的垂直断裂，两边岩石都是直接相连的。塞舌尔群岛的拱形大陆架位于马达加斯加岛的东岸与印度洋西海岸之间，也是由硅铝层（岛屿是花岗岩质）形成的，在重新塑造后的地质环境下将会被推到裂谷之中。然而，似乎我们关注的只是深层的可塑性硅铝层在断裂过程中浮现的物质，重塑后将其放置在两块大陆块之下，自然不排除在其表面有细小碎块覆盖的可能。大西洋中脊和许多其他地区也是如此。要牢记这个观点，否则我们在某些观点上可能会出现这样的疑惑，那就是为什么分离大陆板块的轮廓几乎完全一致，但其中分布着不规则的硅铝块。

因为低层的可塑性硅铝层侧面凸起，所分裂的大陆板块边缘常落入海底形成阶梯状断层与大陆板块平行。这些硅铝层沿着裂谷最高处勾勒出背斜的曲面，即表面凸起的曲面。但我们无法在这里深入讨论这些细节。

当可塑性大陆块被内陆冰盖覆盖时，大陆边缘必然会产生一种特殊的力。假设将力作用在一块非脆性的饼上，那么饼的厚度会减小，而力会径向向水平方向扩展，使饼的边缘产生裂缝，这就是峡湾形成的原理。在所有过去被冰川覆盖过的海岸（比如斯堪的纳维亚岛、格陵兰岛、拉布拉多、北纬 48° 以北的北美太平洋海岸、南纬 42° 以南的南美太平洋海岸以及新西兰的南岛等地）都可以发现其形成与峡湾形成原理有惊人的相似性。J.W. 格里高利（J.W.Gregory）曾对此广泛研究过，但仍在很大程度上忽视了断层形成的原因。峡湾通常被认为是侵蚀谷，但根据我在格陵兰岛和挪威的观察来看，这种说法是错误的。

从大西洋两侧大陆边缘的大量海洋探测资料中，我们注意到一个特殊的现象，即河谷会在海洋海底继续延伸。例如，圣劳伦斯河谷在大陆架一直延续到深海边，哈得孙河谷也延伸到海洋（经探测深达 1 450 米）。

同样，在欧洲，在塔古斯河口以外，特别是阿杜尔河口以北 17 千米的布雷顿海角，都有海底河谷的延伸。其中最典型的就是南大西洋上的刚果海沟（向外延伸了 2 000 米）。按照通常的解释，这些海沟是下沉的侵蚀谷，形成在水面上，后来被淹没。在我看来，这种说法是不可信的：第一，不可能有如此大幅度的下降；第二，不可能分布如此普遍（如果有更充足的考察数据，海沟将在各个大陆边缘被发现）；第三，只有一组特殊的河口表现出这种现象，而中间的河口则没有。因此，我认为海底河谷更可能是曾经被河流流经的大陆边缘的裂谷。就圣劳伦斯河来说，它的河床部分具有裂谷性质已经在地质学方面得到证实。至于布雷顿角海下沟谷，坐落在比斯开湾裂谷中，就像打开的书本一样，它的地理位置很好地解释了这个说法的合理性。

然而，大陆边缘最有趣的现象就是弧形列岛，这种岛弧链在东亚形成得特别好（图 10–5）。如果观察它们在太平洋的分布，我们将看到它们形成的规模宏大的岛弧系统。特别是，如果我们把新西兰看作澳大利亚过去的岛弧，那么整个太平洋西海岸都被岛弧环绕，东岸却没有这种现象。在北美洲，我们可以观察到尚未发育但在北纬 50° 到北纬 55° 之间已经开始形成的岛弧，还可以看到旧金山沿岸附近突出的岛弧以及加利福尼亚海岸山脉的分离等。也有观点认为，南极洲的西南部可以看成岛弧（也有可能是双列岛弧）。然而，总的来说，岛弧现象表明大陆板块在太平洋西部漂移的大致方向是西北偏西，按照更新世的两极位置，大致朝向正西。这个方向也和太平洋的长轴（南美洲到日本）一致，并且和夏威夷群岛、马绍尔群岛和社会群岛的主要漂移方向一致。深海沟包括汤加海沟，其裂口排列的顺序与大陆漂移方向垂直，因此与岛弧平行。毫无疑问，所有这些现象都是互为因果的。

完全相同的岛弧也见于西印度群岛。在火地岛和格雷厄姆地之间的

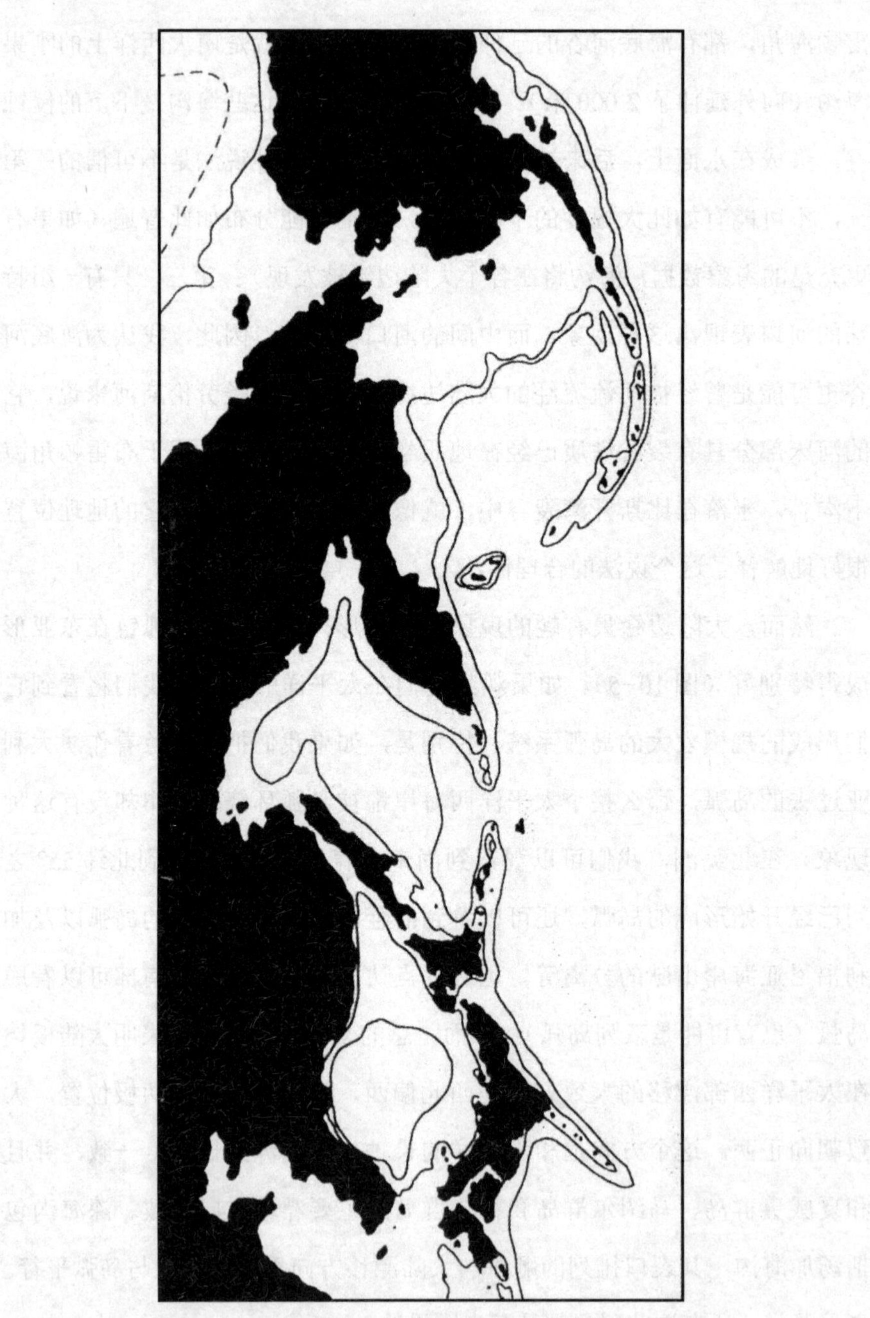

图 10–5　东亚岛弧 200 ～ 2 000 米等深线（阴影为大洋底）

南设得兰岛弧也可看作独立的岛弧，虽然它的意义稍有不同。

岛弧明显地以雁行形状排列。阿留申群岛形成一串岛弧链，向东延伸到阿拉斯加后就不再是一条海岸岛弧链，而是开始向内陆延伸；在堪察加半岛附近终止，形成围绕堪察加岛的弧链；从堪察加内陆延伸至千岛群岛，在最外围形成一列岛屿。另一方向的岛弧又在日本附近终止，取代萨哈林岛（即库页岛）和日本列岛，一直延续至内陆山脉；在日本南部，这种排列仍在继续，一直延伸到巽他群岛，之后列岛排列便开始混乱起来。安的列斯群岛的形成也与上述的排列情况相同。很明显，这种岛弧的雁行形状排列是过去大陆海岸山脉雁行形状排列的直接后果，因此可追溯到前面所讨论的雁行褶皱的一般规律。岛弧的长度大致相同（阿留申群岛弧长 2 900 千米、堪察加岛—千岛弧长 2 600 千米、库页岛—日本列岛弧长 3 000 千米、朝鲜—琉球群岛弧长 2 500 千米、中国台湾—婆罗洲弧长 2 500 千米、新几内亚—新西兰弧长 2 700 千米。然而，西印度群岛的岛弧呈现出渐变的形态：列岛海拔逐渐降低，南部安的列斯群岛、海地—牙买加—莫斯基托海滩海拔 2 600 千米，海地—古巴南部—米斯特里奥萨浅滩海拔 1 900 千米；古巴海拔 1 100 千米），这很可能要追溯到海岸山脉群的地质结构。

S. 藤原（S.Fujiwhara）已经采纳了岛弧呈雁行形状排列的说法，尤其是日本火山链，并尝试解释日本火山链按照逆时针方向在太平洋洋底进行旋转的原因（以亚洲板块为静止参考系）。由于运动是相对的，所以我们也可以反过来考虑这一运动的参考系，按照顺时针方向，把太平洋洋底作为静止参考系，亚洲大陆看作运动的主体。这样来想就很有意思，因为直到最近的地质时期，北极一直位于太平洋区域，所以过去的大陆板块是向西漂移的。实际上，我认为这是很有可能的，因为东亚的雁行形状岛弧链的边缘在最近的地质时期出现过漂移。

我们在上文提到过，岛弧在地质构造上具有惊人的一致性。一方面，岛弧的凹边总有一系列火山，这显然是由于弯曲并且挤压出的硅镁层物质造成的；另一方面，岛弧的凸边有第三纪沉积岩，但与其相对应的大陆海岸上却没有这类沉积岩。这就意味着岛弧与大陆分离是在最近的地质时期发生的，当沉积岩形成时岛弧仍属于大陆边缘的一部分。由于受到弯曲产生的张力作用，第三纪沉积岩层受到极大的扰动，从而引起了裂隙与垂直断层。日本本州岛因发生过于强烈的弯曲而难以保持原状，从而破裂形成了大地沟。尽管岛弧长期受到拉伸作用导致沉降，但岛弧的外缘部分略见上升，这可能说明岛弧具有倾斜运动的倾向，岛弧两端为大陆向西漂移的力拉伸，但底部深处被硅镁层拉住。岛弧外缘常出现的深海沟，似乎也和上述描述的形成过程是相同的。值得注意的是，深海沟从来不出现在大陆与岛弧之间新露出的硅镁层表层，而通常仅见于岛弧的外缘，即在古洋底的边缘。深海沟就好像是一种断裂，其一侧为极度冷却的古洋底（已固化到深处），另一侧是岛弧的硅铝质层。在硅铝质和硅镁质之间形成这种边缘裂隙是可以理解的，这符合上述的岛弧倾斜运动。

同样在图 10-5 中，岛弧后面的大陆边缘凸出的轮廓也非常引人注目。除海岸线本身，如果我们仔细观察 200 米的等深线，我们会看到大陆边缘总是形成 S 形的镜像轮廓，而岛弧边缘则形成一个简单的凸形曲面。图 10-6 给出了详细的图解说明。这种现象在图 10-5 的三个岛弧上都有所体现，包括澳大利亚东部的大陆边缘，由新几内亚和新西兰东南延伸部分组成的岛弧，即新西兰东部大陆边缘。这些弯曲的海岸线标志着平行于海岸山脉并且也是与海岸山脉走向一致的一种压缩，它们可以被视为水平的大型褶皱。这是整个东亚在东北—西南方向经历的强力压缩现象的一个局部展现。如果试图将这条弯曲的海岸线拉直，那么现今从中印半岛到白令海峡间的距离会由 9 100 千米增加到 11 100 千米。

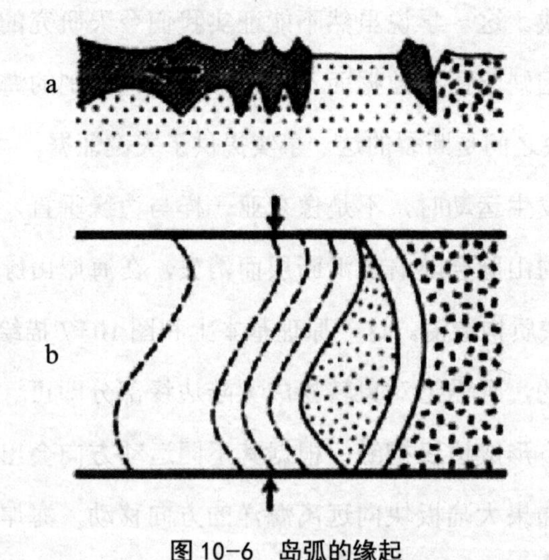

图 10-6 岛弧的缘起

a：剖面；b：虚线表示的是冷却的硅镁质部分。

根据我们的解释可以看出，岛弧——尤其是东亚岛弧——是从大陆板块分离出来的边缘链。大陆板块向西漂移，其留下的剩余物在古老的海底迅速黏附于深处，随后在岛弧和大陆边缘之间海底的静液区域如窗户般暴露出来。

这一观点与从另一种假定出发的 F. 李希霍芬的想法不同。他认为岛弧的出现是来自太平洋的地壳张力导致的。根据这个观点，岛弧连同邻近的弯曲的海岸线和隆起的海岸山脉一起形成了一个大型的断层系统。列岛和大陆海岸之间的地区是第一级大陆阶梯，通过倾斜运动，这个阶梯的西部沉入海面之下，而东部露出的部分就是岛弧。李希霍芬认为，在大陆上能发现两个甚至更多的这样的阶梯，只是下沉的部分较少。解释这些断层的规则及弧形排列的原因是十分困难的，但是参考了沥青和其他物质的弧形龟裂后，这种难题也就不复存在了。

我们必须意识到，李希霍芬的学说具有历史性价值，他第一个有意识地打破了当时被奉为圭臬的普遍的弧压力说，并首次提出用地球张力解释岛弧的形成。这一学说虽然不能证实我们今天研究的数据成果，而且海洋深度图因缺乏探测数据而不完备，但是他绘制的海洋深度图为证明岛弧和大陆块之间是断裂的这一事实提供了关键证据。

当大陆块发生运动时，不是像东亚一样与边缘垂直，而是与边缘平行，那么沿岸的山脉会随着走滑断层而消失，在海岸山脉和大陆块之间也不会出现硅镁质构造窗。这一原理基本上和图 10-7 描绘的大陆板块内部现象是相同的，只需把对象转换成大陆边缘部分即可。假设大陆块向硅镁质层移动，形成边缘褶皱，根据其不同运动方向会出现逆掩褶皱或是雁行褶皱。如果大陆板块向远离海洋的方向移动，海岸山脉会发生与大陆块分离的运动。但是如果发生水平移动，我们会发现走滑断层，边

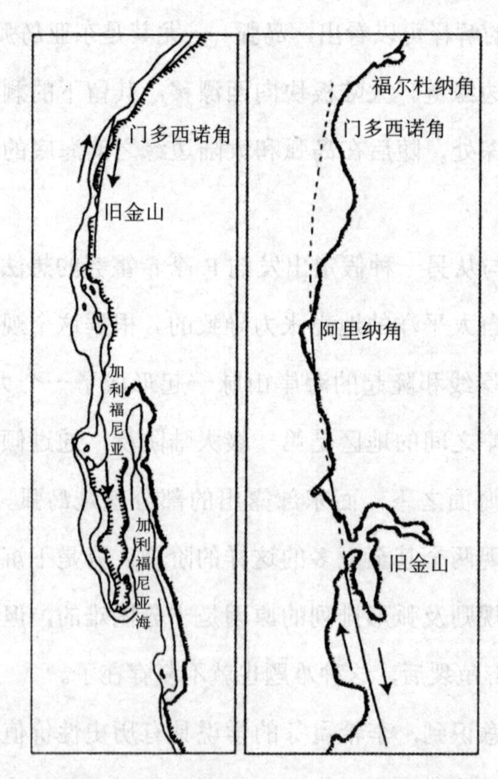

图 10-7　加利福尼亚和旧金山的地震断层

缘山脉将发生纵向滑动。即便在这种情况下，山脉仍黏附于固体化的深海海底。这种过程清楚地反映在德雷克海峡海深图（图 5-25）上的格雷厄姆地的北端。同样的情况还出现在巽他群岛的最南端，即松巴岛一帝汶岛一新西兰岛一布鲁岛，以前它们虽然是苏门答腊岛前方岛屿向东南方向的延伸部分，之后却从爪哇岛侧面经过，逐渐移动直到被澳大利亚、新几内亚的前端挡住。

另一个例子是加利福尼亚。加利福尼亚半岛在其侧面凸起处显示出夹卷现象（图 10-7），可能是陆块向东南方向推动的结果。半岛顶端受到前方硅镁质的阻碍而增厚，似铁砧一样。按照透视法从总体上来看，半岛与加利福尼亚湾的轮廓相比大为缩减。根据 E. 威蒂克（E.Wittich）的研究，其最北部是在最近才从海面隆升，高度超过 1 000 米，足见其压力的强劲。从轮廓上看，过去半岛的顶端位于前面墨西哥海岸的缺口内部。地质图上显示，这两处都存在前寒武纪的侵入岩石，而两者间的同一性还未得到证实。

除半岛本身缩短外，半岛似乎还在向北漂移，更准确地说，大陆板块对硅镁质的向南作用使得半岛滞后了，紧跟着半岛北部的海岸山脉也参与了这一运动。这就解释了旧金山附近大规模凸起的海岸线受到的挤压作用。1906 年 4 月 18 日，旧金山地震中产生的断层就是对这一说法的有力证明。基于鲁茨基和 E. 塔姆斯的解释，这次断裂造成旧金山东部向南移动，西部向北移动，实际的测量结果也和我们预期的相同，急剧的移动量随着与裂缝的距离变宽而越来越少，更远地方的移动量小到无法测量。当然，在裂缝发育之前，地壳已经在不断地缓慢运动。A.C. 劳森曾对 1891 年和 1906 年间断层的运动方向进行过比较，另外，根据波因特 · 阿里纳（Point Arena）观测的结果发现，在图 10-8 中，断裂面上的地表物体在上述 15 年间从 *A* 点移动到 *B* 点，移动的距离大约为 0.7 米，随后形成裂缝，西半部向 C 点移动 2.43 米，东半部向 D 点移动 2.23 米。A 点到 B 点间的连续运动（被看作相对于北美大陆的运动），表明大陆西半部边缘由于黏附在太平洋硅镁层上而不断向北后退。裂缝只标志间断性地释放压力，但不能持续推动整块大陆的移动。

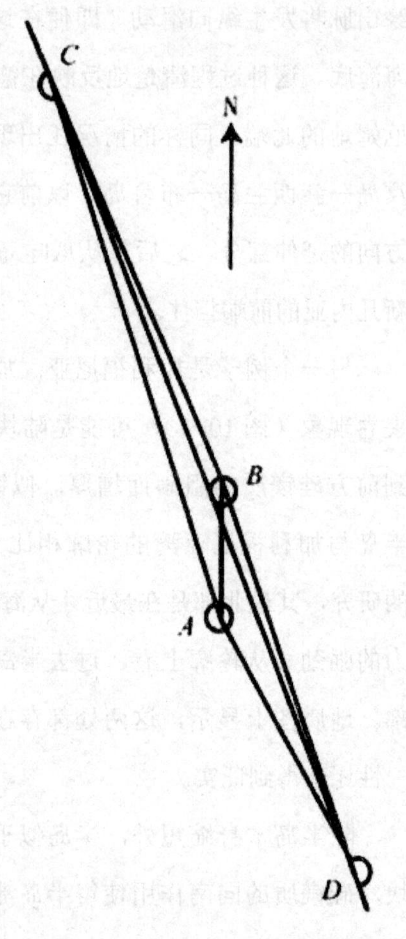

图 10–8 与裂缝斜交的地表物体的运动（据劳森绘）

与之相关的，我们还应该提及地壳上另一个尽管研究甚少但很有趣的部分，即印度半岛边缘（图 10–9）。我们的主要关注点是苏门答腊岛以北的深海盆地。马六甲半岛的折断处和苏门答腊北部断裂处是相对应的，但即使拉直马六甲半岛，也不可能盖住苏门答腊岛以北像窗形的暴露在外的硅镁层。在窗形硅镁层的西面能显示出安达曼岛链。对此我们可能要假设喜马拉雅山系的巨大压力对中印半岛山脉产生了拉伸的作用，在这种压力下，苏门答腊岛北端与半岛分离，更北部的阿拉干山脉像绳子的一头向北伸入压缩部分，在大规模水平断层的滑动中，两侧必然形成不同的断裂面。值得注意的是，最外缘的一系列岛屿——安达曼和尼科巴群岛——牢牢黏附在硅镁层上，只有第二列岛才进行明显的移动。

最后，我们要谈一谈太平洋与大西洋海岸的差别。大西洋海岸大多

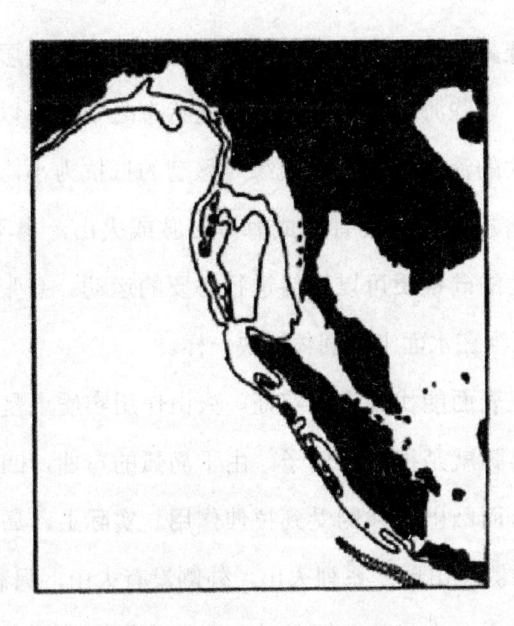

图 10-9 印度半岛区域的海深图（等深线 200 ～ 2 000 米）

是高原台地的裂隙，而太平洋海岸则是由边缘山脉和前部的深海沟组成的。大西洋型海岸，包括马达加斯加、印度、澳大利亚西部与南部以及南极洲东部等地。太平洋型海岸则包括东南亚半岛附近的群岛、巽他群岛西岸、澳大利亚东岸、新几内亚、新西兰以及南极洲西岸，包括安的列斯在内的西印度群岛也属于太平洋型。这两种海岸类型不同，重力分布状态也不相同。大西洋海岸除上述的大陆边缘外，基本处于均衡补偿状态，即漂浮的大陆板块是保持平衡不变的。O. 迈斯纳（O.Meissner）认为太平洋海岸则不同，它们重力分布常不均匀，并且大西洋海岸上一般少有地震和火山作用，而太平洋海岸是地震和火山多发地带；即便大西洋海岸上有火山喷发，所喷出的岩浆依据贝克的研究也和太平洋海岸火山喷出的岩浆在矿物质学上有一定差别。大西洋海岸火山喷发的物质大多质量重、含铁量高，应该是从地层的更深处喷发出来的。在我看来，大西洋海岸是由于中生代和中生代后期大陆板块分裂形成的，海岸前部的海底展现了裸露的较新的硅镁层，因此可以认为硅镁层是具有流动性的。这样看来，这些海岸处于均衡补偿的状态之中也可以被理解。由于硅镁层具有较大的流动性，大陆边缘对移动的抵抗力小，所以没有产生褶皱，也没有挤压作用，没有形成海岸山脉或火山，也不会发生地震。也就是说，流动的硅镁质可以始终进行必要的运动。夸张地说，这部分大陆板块就像漂浮在水面上的固体冰块一样。

我们从地壳表面能找到许多实证。火山作用实质上是硅镁质从硅铝壳内被挤出，岛弧就是很好的例子。由于岛弧的弯曲，凹入的内部必然受到挤压作用，而凸出的外侧受到拉伸作用。实际上，岛弧的地质构造完全一致，但内侧总出现一系列火山，外侧没有火山，只有断层和裂隙。这种普遍性的火山分布规律是明显的，对我来说，其分布对我们讨论火山性质具有无比的重要性。W.F.洛津斯基（W.F.Lozinski）说道："在安的列斯群岛上，可以看到一条火山内带和两条外带，位于最外侧的外带由最新的沉积层构成，其高度较低。两个相对立的现象——火山作用强烈的内带与火山作用有限的外带，都可以在马鲁古群岛和太平洋诸岛上看得到。同样，分布在褶皱带内侧的火山带，如在喀尔巴阡山和华力西斯的腹地也能明显看到这一现象。"维苏威、埃特纳和斯罗特姆博利等火山的位置也符合这种观点。在火地岛和格雷厄姆地之间的南安的列斯岛弧中，弯曲最强烈的南桑德韦奇群岛的中央山脊是由玄武岩组成的，其中有一座火山仍在活动。布劳沃叙述了在巽他群岛上看到的有趣现象：在最南端的两列岛弧中，只有弯曲得很简单的靠北的一列有火山，靠南的一列（包括帝汶岛）由于和澳大利亚陆架相碰撞后向反向弯曲，南列的（帝汶岛东北端）向北列挤压，恰恰就在北列这一带有火山，而且这些火山曾经活动过。布劳沃还指出另一个事实，即隆起的珊瑚礁只出现在没有火山作用或是火山作用已经沉寂的地区，这些地区都是受到挤压的地方。

这一结论乍看起来似乎不是十分合理，但在我们学说的范畴中却能找到合理的解释。

令人难以置信的一点是，在最古老的地质时代，硅铝壳可能曾包围整个地球。那时的硅铝壳厚度是现在的三分之一，上面覆盖着原始大洋。彭克计算出那时大洋的平均深度是 2.64 千米，当时地球表面估计全部被原始大洋淹没，或只露出其中一小部分陆地。

有两方面的证据可以证明上述见解的正确性：一个是地球上的生物演化，一个是大陆板块的地质构造。

施泰因曼说："没有人能真正怀疑淡水生物以及陆地生物、大气生物都是起源于海洋。"在志留纪以前，我们还不了解有什么呼吸空气的动物，最古老的陆上植物的残遗物种在哥德兰岛上的志留纪层被发现。根据高腾（Gothan）的研究发现，上泥盆纪的生物主要还是没有叶子的藓类植物。他说："具有叶子的植物化石在下泥盆纪还很少，当时所有的植物都很小，像杂草一样，软弱无力。"另一方面，上泥盆纪植物区系和石炭纪植物区系已经很类似了，依靠支持器官和同化器官的发育，植物体内分工完成，出现了大片有脉络的叶片。下泥盆纪植物的特征，例如，器官低级和形体矮小等，表明了这些植物起源于水中。这一观点得到波托尼、利尼耶（Lignier）、阿伯尔（Arber）等人的支持。到了上泥盆纪，由于适应了空气中的生活方式，植物有了新的进化。

另一方面，假如把大陆板块上的所有褶皱铺平，硅铝层外壳将会扩展到包围整个地球的程度，尽管现在大陆板块和大陆架只占地球表面的三分之一，但在石炭纪时期我们发现其面积有所增加（约占地球表面的二分之一）。不过，要追溯到更早的地质时期，褶皱的范围也就更广泛。E. 凯瑟认为："最重要的是，大部分古老的太古代岩石在地球上会发生位移并受到褶皱作用的影响。只是到了元古代，我们才看到那些没有受到褶皱作用或者是有轻微褶皱的沉积岩在各地出现。在元古代以后的各个时期中，坚硬而没有变形的岩块增多了，分布也变广了，地壳的褶皱部分才相应地开始缩小。到上侏罗纪和白垩纪又增强，在下第三纪达到高潮。但显然，这个最新的大型造山运动影响的地区范围比石炭纪褶皱范围要小得多。”

根据以上论证，我们认为硅铝层曾包围过整个地球，这与前人对这个问题的见解并不矛盾。那时，地球的外壳具有柔软性和可塑性，受到自然力的作用，一边被撕裂开一边又形成褶皱。因此，深海的起源与扩展只是这一过程的一个方面，另一个方面则是褶皱的产生。生物事实似乎证实了深海是在地球演进历史中形成的。J. 沃尔瑟说：“生物学上的一般实证，目前对深海动物所处地层位置和构造地质的研究，都使我们不得不相信海洋作为生物家园并不具有远古时代地球的原始性质，而是首先形成于大陆各处发生构造运动以及改变地球表面的形状的时期。”硅铝层的最早裂隙及硅镁层的暴露，可能和现今东非裂谷的成因相似。随着硅铝层褶皱变大，裂隙也就变得更开阔。笼统来说，这一过程类似于圆纸灯笼的双面折叠，一边拉开，另一边则压缩。最古老的太平洋地区最早就是这样被剥去硅铝层这一部分，这是十分可能的。可以认为，巴西、印度、澳大利亚以及非洲的古片麻岩褶皱和太平洋张开的裂口相呼应。

硅铝层压缩作用的结果必然导致褶皱的加厚增高，同时深海盆地一定变大。因此，大陆板块上的海进，一定在地球演进历史中逐渐减少，即便考虑到地球总体和地方的差异，这个规律也是被公认的。我们能从书中三个时期的海陆复原图上清楚地得到答案。

此处要指出的重点是，即使产生作用的力的方向不同，但硅铝层的演变一定是单向的。这是因为挤压力形成了大陆块的褶皱，但拉伸力不能使其变得平坦，最多只能使陆块分离。在挤压和拉伸力两者交替过程中，两者产生的效果不能抵消，而只导致单向演变的结果，即褶皱和分离。在地球演进历史中，硅铝层面积不断缩小，厚度增加，日益分裂，这都是相互补偿的现象，其产生的原因也是相同的。图 10-10 呈现的是等高曲线图，说明了过去、现在和将来地球表面的高度，直观地解释了我们的观点——今日地壳的平均水平面与硅铝层还没有破裂前的原始表面是相吻合的。

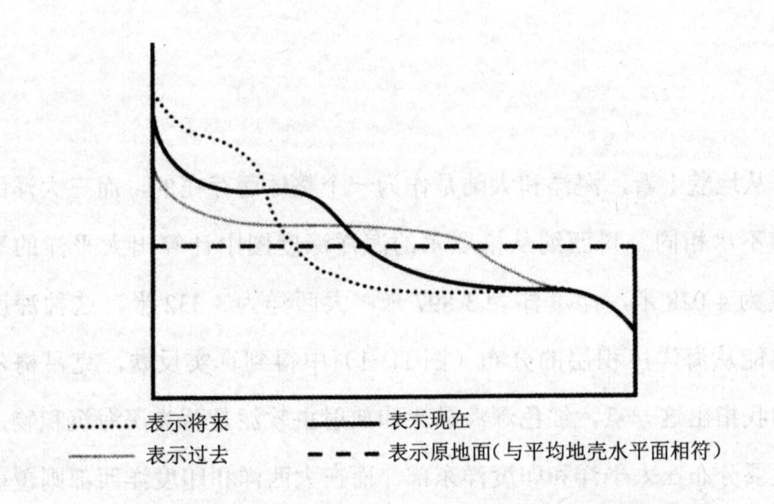

图 10-10　过去、现在与将来地球表面的等高曲线

另一方面，太平洋海盆被认为是月球潮汐引力分离作用下的遗迹也是很有可能的。按照达尔文的观点，这一过程将出现地球硅铝层的缩小。我认为，估算硅铝层的褶皱程度是唯一一种证明方式。然而，到目前为止，我们还没有办法做到这一点。

第十一章

对大洋底的增补观察资料

从地貌上看，海洋和大陆是作为一个整体而存在的，而三大洋的深度却不尽相同。科西纳从格罗尔的海洋深度图中计算出太平洋的平均深度为 4 028 米，印度洋为 3 897 米，大西洋为 3 332 米。这种深度关系也能从海洋沉积层的分布（图 11-1）中得到真实反映，克吕梅尔亲自向我指出这一点。红色深海黏土和放射虫软泥是两类深海沉积物，它们主要分布在太平洋和印度洋东部，而在大西洋和印度洋西部则覆盖着浅海沉积物，其较高的石灰含量必然和海洋深度较浅有关。各大洋的深度差异不是偶然现象，而是有规律的，并且与大西洋和太平洋海岸类型的差异有关。最显著的例子就是印度洋，它的西半部属于大西洋型，东半部是太平洋型，东半部海洋深度比西半部深。这些事实引起了大陆漂移说支持者的兴趣，因为从地图上能一眼看出，最古老的大洋底是最深的，而那些近期才露出的洋底则是最浅的。图 11-1 展现出大陆漂移的痕迹。

我们今天还没有找出各大洋深度存在差异的原因，可能是由于物理形态和物质材料方面的差异。从物理形态来看，新老洋底会根据温度和物质聚合情况的不同产生差异。假设物质材料的密度是 2.9，花岗岩

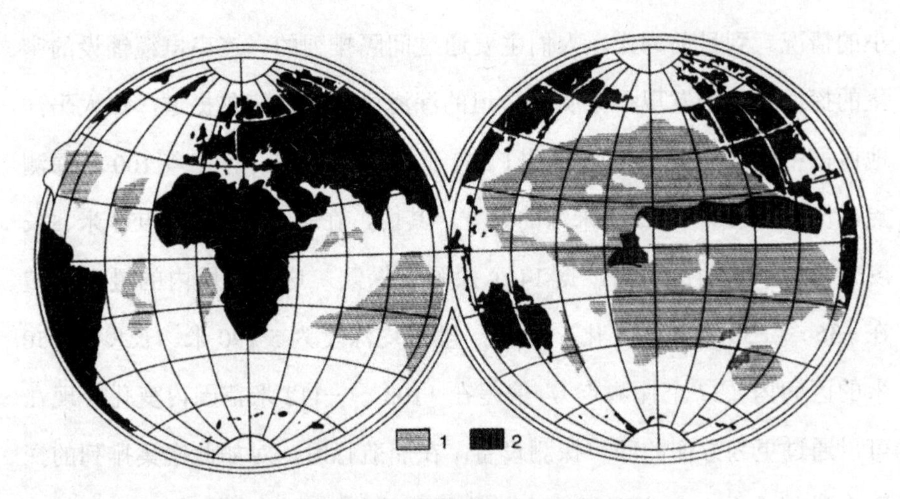

图 11-1　大洋底沉积物地图（据克吕梅尔绘）

1 代表红色深海黏土；2 代表放射虫软泥。

体积膨胀后的系数按照 0.000 026 9 来计算。当温度上升 100℃时，密度将变为 2.892。每下降 60 千米，会产生 100℃的温差。如要保持洋底的均衡状态，两大洋底的深度差即为 160 米，温度越高的洋底，深度就越深。

另一方面，在相对新露出的洋底深层岩石中，结晶体的覆盖含量本质上比老岩层的要薄，从而在深度和密度上形成差异。如果有人认为整个大洋盆地以同样的方式形成的话，第三种可能性是存在的。由于形成日期和起源地在物质组成上的差异，在漫长的地质时期中，岩浆可能由于不断的结晶作用或是其他效应发生改变，大洋底也因此发生改变。最后，硅镁层可能被流动的大陆块下面的残余部分或是边际碎片不同程度地覆盖。

我们对大洋底物质构成的看法一直在变化着，因此不必举出所有的例子去证明。我将限定一个讨论范围，对大西洋的情况进行彻底的调查研究，另外，大西洋中脊是大陆漂移说必须讨论的一种现象。

在很长一段时间内，深海海底通常在宽广的范围内出现高度差微小的情况。到目前为止，人们主要通过间隔排列的一连串电缆铺设的密集的探深点，来发现那些明显平坦的深海区。克吕梅尔提道，在太平洋地区，中途岛和关岛之间超过 1 540 千米的区间内，存在着 100 个探测点，位于 5 510 ～ 6 277 米深的地方。其中，在平均深度为 5 938 米、长度为 180 千米的区间内，据 14 个探测点探测，这一区域内的最大偏差在 +36 ～ −38 米之间变化。在另一段平均深度为 5 790 米、长度为 550 米的区间内（37 个探测点），偏差在 +103 ～ −112 米范围内变化。现在可以通过更为方便的回声探测设备，在船航行时，对如此密集排列的探测点进行读取。在大西洋地区，德国流星探险队掌握了许多剖面的信息，并且提供了进一步的数据资料。第一个横贯北大西洋的回声探测剖面由美国方面完成。我在图 11-2 中列举的是北大西洋的西部，去除了马尾藻海洋盆地的最北部分。图中所示的地区包括，西经 58° ～ 47.5°（长度为 930 千米），其平均深度为 5 132 米，最大偏差为 +121 ～ −108 米。深度的稳定性在区间中表现得更为明显，比如，有 8 个相连的探测点（每两个相隔 28 千米），测量值为 2 780 ～ 2 790 英寻[1]（测量误差为 10 英寻）。

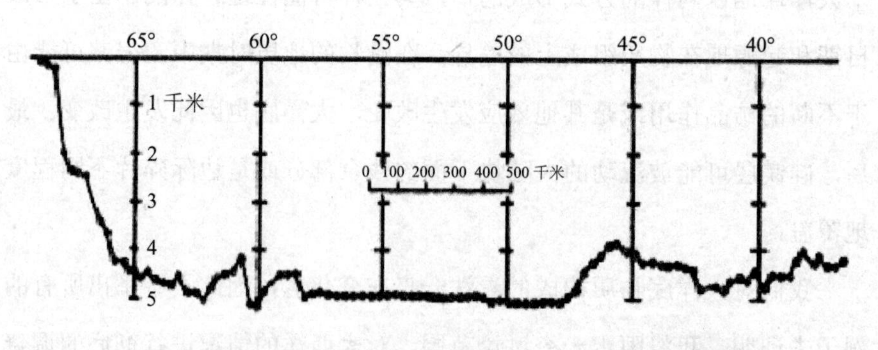

图 11-2　北大西洋西部的回声探测数据（不包括大陆架地带）

[1] 英美制计量水深的单位，1英寻=1.828米。

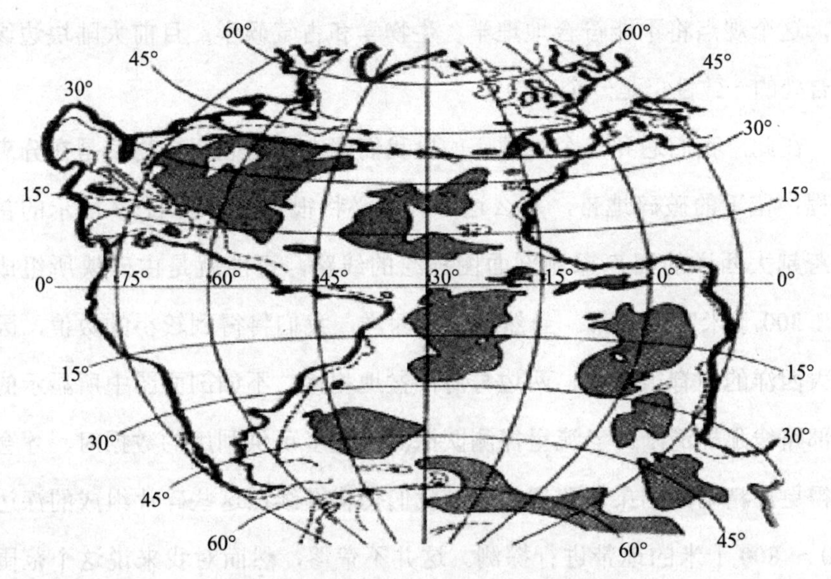

图 11-3 大西洋底 5 000 米等深线区域

和这种一致性形成反差的是，这条航线其余部分的剖面是粗浅的，尽管其属于深海的一部分，却和深海处的剖面不同。

我从中推断，在马尾藻海域，深度是恒定的，硅镁层表面显露出来，而其他部分的高低不平的地势可能会被不同的、比大陆板块厚度更薄的硅铝层覆盖。据此假设，在大洋底 5 000 米深的区域，大体相当于一个裸露的硅镁层，图 11-3 表示大西洋底表面硅铝层和硅镁层的分布。（古登堡提出相同的假设，这一假设只对硅镁层和硅铝层进行考虑，为此他表达了不同的观点，提出与漂移概念——或者说流动理论——相反的理论。他认为："存在的硅铝层漂浮在硅镁层上，只出现在太平洋。"他把大西洋和印度洋底当作一块大陆板块，假定由于漂流，这块大陆有一半变平了。但是这个观点是不正确的。尽管我们忽略水荷载这一因素，大西洋和印度洋的大洋深度相对于太平洋的深度也会低一半，并且由于水的重力、均衡原理，这种差异会加剧。古登堡的观点与大洋底整体形态相似的观点相悖。此外，如果我们复原的大陆向着目前分离后的大陆位置移动，这个观点将不能符合地理学、生物学和古气候学；目前大陆块边缘重合处的一致性仍是一个谜。）

在此，我们遇到一个难题。如果我们假定这些硅铝层物质是在分离过程中留下的破碎地带，那么这一区域必将很宽阔。图 11-3 所示的首条跨越大西洋的回声探测剖面图描绘的线路，可能就是由碎块所组成的 1 300 千米宽的地带。当然在南大西洋，我们将得到较小的数值，因为大西洋的中脊很狭窄，两边与海洋盆地相接，不如剖面图中所显示的西部路线那样清晰。当流星探测队探测到更多可供利用的数据时，才会取得更加精确的结果。即便如此，我们仍将继续在这些碎片组成的深达 500 ～ 800 千米的地带进行探测。这并不荒谬，然而对我来说这个范围过于宽泛，因为从今天看来南美洲和非洲板块边缘具有明显重合的部分，这似乎说明了这些边界曾经是直接相连的。在我们的复原过程中，在许多地方，我们也遇到了相似的难题，尽管问题不是很严重。

目前，在我看来，出现这类细小的差别最可能是由于我们只关注了两个层面，即硅铝层和硅镁层，而现实情况却更为复杂。忽略上面的猜想，假如我们根据最新的地球物理研究，会越来越清楚地发现：到达 30 千米深处，我们测到大陆块的花岗岩部分；下至 60 千米处是玄武岩部分；再向下就是超基性岩（纯橄榄岩）。那么，我们会以一种令人满意的方式得到符合事实的合理解释。花岗岩块实际是破碎的，是符合大陆漂移说的，除去某些深层的、熔化的部分，还有因开裂形成的今天大西洋中脊上的边际碎块。如果按照假说，玄武岩层位于花岗岩层下并具有很强的流动性，那么玄武岩会随着大西洋裂缝张开而涌出，之后两边向张裂处进行补给，于是其覆盖整片洋底，直到今天仍是洋底的主要组成部分。随着张开裂谷逐渐变宽，玄武岩流动的力量也会不足，于是底层的橄榄岩必须从玄武岩中以窗口状显露出来（图 11-4）。在北海，陆块分裂尚不成熟，洋底除花岗岩残余部分，完全由玄武岩构成，并且还具有相当的厚度。然而，在广阔的太平洋海域，有大面积橄榄岩露出，而这里更平缓的部分被玄武岩覆盖，可能有部分地方还被花岗岩覆盖。

当然，图 11-4 描绘的完全是一种假想。但我认为，根据地质学、生物学还有古气候学证据，一定要坚持我关于大陆板块当时存在直接关联的原始想法。地球物理学家最近的研究成果与之并不矛盾，相反，他们的研究似乎能解决固有的疑问。根据大陆板块边缘可以证实，在大陆板块之间曾经发生过直接的交集，如今不规则的海底山脊就是证明，比如大西洋中脊。除此之外，古登堡曾主张大陆板块自身可以通过移动而被拉伸，我们可以将这个想法运用在更多的地方，尤其是爱琴海地带。然而，此处板块适当的移动也应该限制在海底更深层，其表层则被断层分割开来。

现在，地球物理学家在关于构成大洋底的玄武岩或纯橄榄岩的深度的问题上没有达成一致，因此，我们将简明扼要地回归到如何区别硅镁层和硅铝层的讨论上。

假设硅镁层是一个黏性流体，如果它的流动能力只表现为顺从硅铝块的漂流，而不是独立发生流动，那这种现象就很奇怪了。地图上显示，直线型列岛曾经由于硅镁质流动发生弯曲变形，直接显示出硅镁层的局

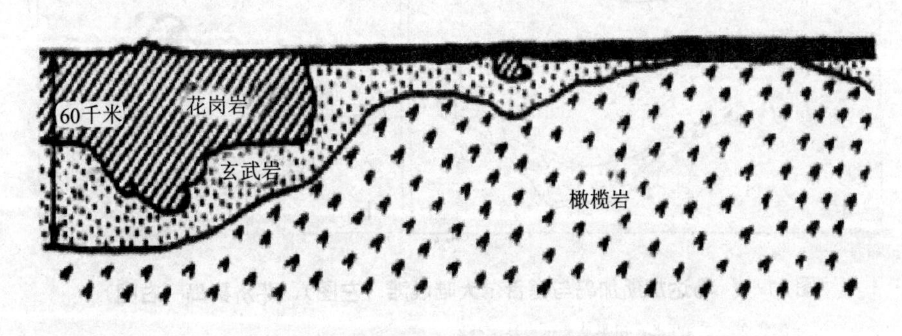

图 11-4　大陆块与大洋底之间的理想化部分

部流动性。图 11-5 列举出两个这样的例子，塞舌尔群岛和斐济群岛。新月形塞舌尔大陆浅滩处分布着花岗岩形成的独立岛屿，新月形轮廓与马达加斯加、印度都不吻合，而它拉直后的外形显示，它们早先有直接的连接。这就可以做出如下解释：有硅铝块熔体从陆块下面浮起，其上升后随硅镁层流动，向印度半岛移动一大段距离。这股硅镁层流，也带动着马达加斯加岛完全沿着印度半岛的方向移动，这可能是受到印度半岛漂移的影响，或者是相反的原因；流动的硅镁层导致印度半岛漂移，从而使斯里兰卡与其分离。流体运动，包括黏性体的流动，是一种少见的能简单区分因果的运动，但我们对于这些问题的认识还有很多不足。联系大陆漂移说，并对所有出现的相对运动进行清楚的解释是不合理的。我们考虑这些问题只为说明硅镁质层的流动现象，并主要表现为大陆浅滩两端处明显向后弯曲的现象，这表明硅镁层流动在马达加斯加岛和印度半岛中心处有所减弱。我们也可断言：硅镁流体在新露出的硅镁层中动力最强，而在向古老深海底层西北和东南两侧的流动则较为缓慢。如

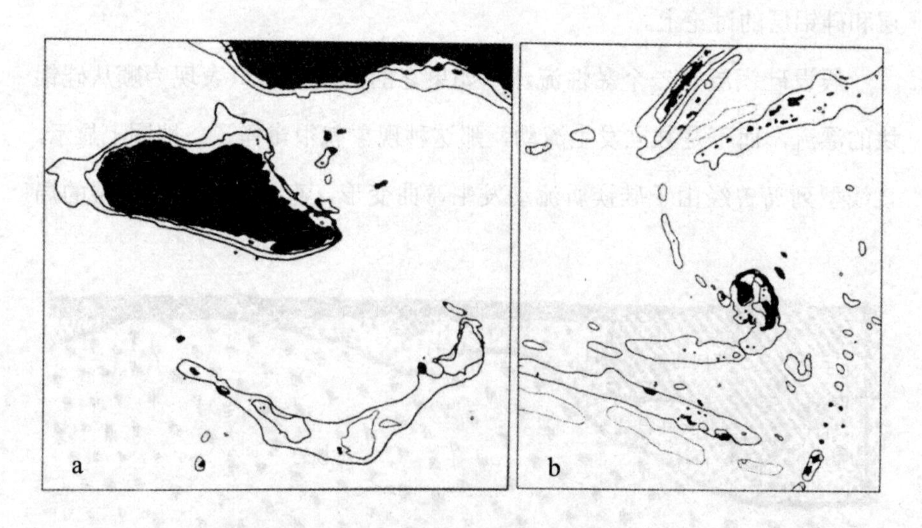

图 11-5　马达加斯加岛与塞舌尔大陆浅滩（左图）、斐济群岛（右图）

等深线 200~2 000 米；阴影处表示海洋深处。

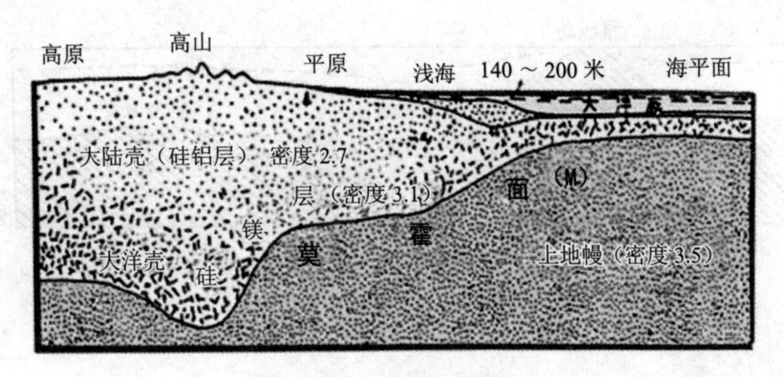

图 11-6　大洋底剖面图

图 11-5 所示，斐济群岛的形状类似两片螺旋形星云，会形成一种螺旋形流体运动。这类群岛的形成和变相移动相关，即澳大利亚和南极洲分离后，保留新西兰岛弧，这种变化在向西北方移动时就已经发生。据推测，斐济群岛在进行螺旋运动前是平行于汤加山脊的，两者共同构成澳大利亚—新西兰陆块的外层岛弧。像所有东亚岛弧一样，它附着在古老的深海洋底的外围，而岛弧内侧与大陆块分离，内层由于大陆块向后移动，就以漩涡的形式卷曲起来。新赫布里群岛和所罗门群岛可能是陆块后撤后遗留下的两条雁行形状的岛弧。（依据生物学数据，赫莱德得出结论，新几内亚和新喀里多尼亚，新赫布里底群岛和所罗门群岛的轮廓具有一致性。）新不列颠、俾斯麦群岛，依附于新几内亚岛，并被牵引过来，同时澳大利亚陆块另一端的巽他群岛中，最南端的两列岛山也呈螺旋状发生弯曲，这表明这里也出现像斐济群岛一样的硅镁层流动。

关于深海沟的性质，从已有的观察基础来看，还无法解释清楚。除少数起源不同的深海沟外，其余的深海沟都位于岛弧的外侧（凸起处），在古洋底的边界处；而岛弧内侧，洋底新露出的像窗户一样的部分，没有发现深海沟。这样看来，只有在古洋底才能形成深海沟，因为古洋底具有集中冷却和硬化的条件。或许我们可以把深海沟当作边界裂隙，一边由岛弧中的硅铝质组成，另一边由深海底处的硅镁质组成。图 11-7

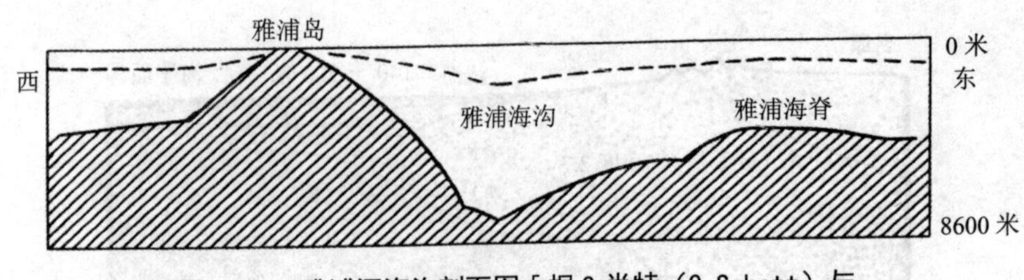

图 11-7　雅浦深海沟剖面图［据 G. 肖特（G. Schott）与佩尔勒维茨（Perlewitz）绘］

所示的深海沟剖面，虽然实际上看起来起伏不大，但不能被其误导，因为这是受到重力作用而变得平坦的。

在新不列颠岛南部和东南部呈直角形弯曲的深海沟，显然是在依附于新几内亚岛时受到群岛向西北方强烈的牵引力所致，群岛内部包含的硅镁层之后流入裂谷中，至今还没有将沟道填满。这可能是我们对深海沟的形成给予的最准确的描述。

对于智利西面的阿塔卡马海沟的起源，可能有另一种解释。当这些山脉的形成过程受到大陆块漂移的阻碍时，海面下所有岩层将从海平面开始进行向下的压缩运动，邻近的大洋底必然会被牵引下去。（阿姆斐雷、A. 彭克和其他人对此提出反对意见是毫无根据的。如果所有褶皱以守恒的地壳均衡说为前提，那么美洲向西的运动一定以大陆板块前部为参照，出现硅镁层的堆积，正如我们所假设的那样。由于重力因素，转移的硅镁层不会出现向上的运动，而一定只在大陆板块下方发生向下和向后的运动，正如漂浮体随水流缓缓移动一样。）此外，关于大陆边缘下沉还有另一个原因，即向下的山脉褶皱熔化后，由于大陆板块向西漂移，熔融的岩石向东移动。按照我们这种解释，这些物质将在阿布罗柳斯浅滩处堆积。因此，大陆边缘必然下沉，附近的硅镁质层也随之下沉。

当然，这些关于深海沟性质的想法要经过更加彻底详细的研究，特别是要关注重力测量的结果。赫克在汤加海沟发现重大的负重力异常现象，但在汤加高原附近测得的重力值却为正数。最近韦宁－曼尼斯也测定了多处深海沟。他在著作中似乎表明，在连续的硅镁层流动下还没有实现海沟的均衡调节，这种情况可以解释大陆板块隆起是倾斜的假说，然而，要经过更进一步的研究才能得到最终结论。

附  录

本书意在证明北美洲和欧洲之间的距离正在增加，证据已在第三章展示。对于这些知识我们不会对读者有所保留。1927 年 10 月和 11 月，F.B. 利特尔和 J.C. 哈蒙德发布了在北美洲和欧洲之间开展的关于经度测量差异的结果，他们还将这些数据与 1913 年、1914 年获得的数据进行了比较。

华盛顿—巴黎在 1927 年的经度差是 5 小时 17 分 36.665 秒 ±0.001 9 秒，但在 1913 年、1914 年的数据分别是 5 小时 17 分 36.653 秒 ±0.003 1 秒和 5 小时 17 分 36.651 秒 ±0.003 秒。

1913 年、1914 年的这两个结果，第一个是美国观测者的测量数据，第二个则是法国人的测量数据。

从这些数据的比较中可以发现，华盛顿—巴黎的经度差在 1913 和 1914 年中有所增加。在线性测量上，总增加量约为 0.013 秒 ±0.003 秒，这相当于这些年总共增加了约 0.32 米 ±0.08 米的距离。

这种变化的方向和幅度与第三章给定的漂移理论基础上的结论非常契合。